Zwei Seiten, ein Thema: Angefangen beim Sonnensystem und bei den bekannten Planeten über Rote Riesen und Weiße Zwerge, Pulsare und das Higgs-Boson bis hin zu Exoplaneten, Strings und Außerirdischen lernen Sie das geheime Leben der Sterne kennen. Sie erfahren, wie die ersten drei Minuten im Leben des Weltalls wohl gewesen sind, was Seltsame Materie ist und was man unter Entropie versteht. Lernen Sie die Leptonen kennen, sehen Sie, warum Lichtgeschwindigkeit auch ihre Grenzen hat und dass lokale Gruppen, der Kuipergürtel, Wurmlöcher und Inflation tatsächlich mit dem Weltall zu tun haben. Und zu guter Letzt spüren Sie, wie es sich im Innern eines Schwarzen Lochs anfühlt.

J. R. Minkel

★★★★★★★★★★★★★★

WELTALL FÜR EIERKÖPFE

Wissenschaft in 60 Sekunden

Aus dem Englischen von
Hubert Mania

★★★★★★★★★★★★★★

Rowohlt Taschenbuch Verlag

MIX
Papier aus verantwortungsvollen Quellen
FSC® C083411

Das für dieses Buch verwendete FSC®-zertifizierte Papier *Classic* liefert Stora Enso, Finnland.

Deutsche Erstausgabe
Veröffentlicht im Rowohlt Taschenbuch Verlag, August 2012

Die Originalausgabe erschien 2009 unter dem Titel
«Instant Egghead Guide: The Universe» by St. Martin's Press, London

Redaktion Bernd Gottwald
Umschlaggestaltung ZERO Werbeagentur, München
(Illustrationsnachweis: FinePic, München)
Satz aus der PMN Caecilia bei Dörlemann Satz, Lemförde
Druck und Bindung CPI – Clausen & Bosse, Leck
Printed in Germany
ISBN 978 3 499 62843 6

Für meine Eltern

INHALT

DIE ÄUSSEREN GRENZEN ★★★★★★ 217

VORWORT

von George Musser

Bitte lassen Sie dieses Buch nie in einer Zeitmaschine liegen, die ins 19. Jahrhundert zurückreist. Es würde die Menschen dort nur verwirren. Wie bitte, die Welt besteht aus winzigen Teilchen? Die Sonne ist ein riesiger Kernreaktor? Der Lauf der Zeit lässt sich verlangsamen? Das Universum dehnt sich aus? Jeder Wissenschaftler, der dieses Buch auf dem Boden neben dem Zeitportal fände, wäre ratlos und gedemütigt. Wahrscheinlich würde er es einfach kurzerhand als verlogen und allzu phantastisch abtun, um es ernst nehmen zu können.

Die Welt hat sich im 20. Jahrhundert beträchtlich verändert, was ganz besonders für die Entdeckungen gilt, die die moderne Wissenschaft gemacht hat. Die Menschen sprechen häufig über die erstaunlichen Erfindungen, die uns die Wissenschaft beschert hat – von Flugzeugen bis zu elektrischen Zahnbürsten –, aber noch bedeutsamer ist der neue Blick auf die Welt, der uns durch die Forschung ermöglicht wurde. Das hat unser Denken erweitert und uns die wunderbare Vielfalt und Komplexität unseres Daseins erschlossen. Viele der Entdeckungen des vergangenen Jahrhunderts hatten lange zuvor schon Blüten getrieben, allerdings benötigten sie innovative Experimente und theoretische Durchbrüche, um Gestalt anzunehmen.

Dem Buch in Ihren Händen gelingt das eindrucksvolle Kunststück, diese neuen Ideen so knapp darzustellen, dass sie nicht allzu viel Ihrer Zeit beanspruchen. Ich fand vielmehr heraus, dass ich ein Thema wunderbar zwischen zwei U-Bahn-Haltestellen lesen konnte. Der Ansatz, schrittweise vorzugehen, ist nicht nur praktisch und vorteilhaft, sondern vermittelt außerdem, wie die Wissenschaft langsam mit zunehmendem Wissen auf ihren früheren Leistungen aufbaut. Der trockene Humor des Autors J. R. Minkel spiegelt die Haltung der meisten Wissenschaftler zu ihrer Arbeit wider. Sie bemühen sich, die Welt zu verstehen, weil es ihnen Vergnügen bereitet und weil sie überzeugt sind, es schade nichts, wenn sie auch ein bisschen Spaß dabei haben.

In hundert (oder vielleicht auch schon in ein paar) Jahren blicken die Menschen vielleicht zurück und erkennen, wie eine neue wissenschaftliche Revolution aus nebelhaft erkannten Verbindungen zwischen den in diesem Buch verborgenen Vorstellungen und Konzepten aufkeimte, ganz zu schweigen von Entdeckungen, die noch gemacht werden müssen. Was uns heute womöglich noch als allzu verrückt erscheint, wird dann endlich Sinn machen. Andere Aspekte der Welt könnten dann wiederum noch weniger Sinn ergeben als heute – was gut so ist, weil das Leben dadurch interessant bleibt. Wenn daher ein Buch aus der Zukunft aus einer Zeitmaschine vor Ihre Füße fallen sollte, werfen Sie es nicht einfach weg.

George Musser ist Redakteur der Zeitschrift *Scientific American* (deutsche Ausgabe: *Spektrum der Wissenschaft*)

KAPITEL EINS

MATERIE UND ENERGIE

ELEKTRONEN, PROTONEN UND NEUTRONEN

Basics

Die Welt besteht aus Atomen. Und die Rohbestandteile der Atome nennt man subatomare Teilchen. Wir werden einer ganzen Menge Teilchen in diesem Buch begegnen, aber um Materie zu begreifen, von dem Buch in Ihrer Hand bis zum Inneren eines Sterns, müssen wir diese drei Dinge gut verstehen können: Elektronen, Protonen und Neutronen.

Das Elektron ist ein Elementarteilchen, was bedeutet, es lässt sich nicht weiter in andere Bestandteile zerlegen. Es ist ziemlich winzig – eigentlich lässt sich gar keine Ausdehnung ermitteln –, und seine Masse ist gering. (Jede Materie besitzt Masse, die ein Maß für den Schwung ist, den man braucht, um etwas in Bewegung zu setzen.) Ein Elektron ist negativ elektrisch geladen, was das Gegenteil einer positiven Ladung ist. Gleiche Ladungen stoßen sich ab; gegensätzliche Ladungen ziehen sich an.

Im Gegensatz zu Elektronen sind Protonen und Neutronen keine Elementarteilchen, sondern sind aus kleineren Teilchen zusammengesetzt, die Quarks heißen, worauf wir später zurückkommen werden. Protonen sind positiv geladen, und Neutronen sind elektrisch neutral. Protonen und Elektronen bilden Zweiergruppen aufgrund ihrer elektrischen Anziehung, aber das Proton dominiert die Beziehung, weil es die Masse von rund 1800 Elektronen besitzt. Neutronen sind geringfügig schwerer als Protonen, ansonsten aber identisch mit ihnen.

Grenzen des Wissens

Alles, was wir sehen, Erde und Sterne eingeschlossen, besteht aus Atomen, aber wie sich herausstellt, gibt es eine Menge zusätzliche Materie, die wir nicht sehen können. Die Wissenschaftler nennen sie Dunkle Materie, da sie völlig unsichtbar ist. Der einzige Grund, warum wir an ihre Existenz glauben, sind ihre Auswirkungen auf den anderen Stoff im Universum. Eine der größten Herausforderungen der Wissenschaft von heute stellt die Identifizierung der Dunklen Materie dar. Aber lassen Sie uns das eine Weile aufschieben. Wenn wir das Verhalten der Materie studieren, werden wir dem Verständnis, wie unser Universum so entstand, wie wir es heute beobachten, einen großen Schritt näher kommen.

Fakten zum Angeben

- *Alle subatomaren Teilchen einer einzelnen Art sind identisch. Es ist unmöglich, eines davon zu kennzeichnen, wie Sie etwa einen Pinguin oder einen Seehund markieren würden, um deren Wanderungsmuster zu studieren. Sobald Sie daher etwas über ein Teilchen herausfinden, gilt das auch für alle anderen. Das ist ein Naturgesetz!*
- *Die Ladung eines Elektrons ist eine der elementaren Naturkonstanten. Wir können sie nicht von noch grundlegenderen Prinzipien ableiten; wir können sie nur messen.*
- *Die amerikanischen Physiker Robert Millikan und Harvey Fletcher waren die Ersten, die 1909 die Ladung eines Elektrons gemessen haben, indem sie winzige Öltröpfchen in einem elektrischen Feld zerstäubten. (Sie lagen knapp daneben, aber, hey, selbst Eierköpfe machen manchmal Fehler.)*

ATOME

Basics

Die Struktur eines Atoms ähnelt ein wenig der unseres Sonnensystems. Im Mittelpunkt steht ein dichter Kern aus Protonen und Neutronen. Elektronen umkreisen den Kern auf komplizierten Bahnen, sodass alles eher einer Wolke ähnelt, als dass man von Planeten sprechen könnte. (Aber mehr dazu später.) Der Kern ist positiv geladen und zieht auf diese Weise für jedes Proton genau ein Elektron an. Solange die Zahl der Protonen mit der der Elektronen übereinstimmt, ist das Atom elektrisch neutral, was praktisch ist, weil wir sonst durch die Gegend laufen und dabei Funken schlagen würden. Wenn ein Atom Elektronen hinzugewinnt oder verliert, zum Beispiel wegen Reibung oder Wärme, wird es elektrisch aufgeladen, und wir nennen es Ion.

Es gibt 94 natürlich vorkommende Atomsorten – die Elemente. Sie unterscheiden sich durch die Zahl der Protonen in ihren Kernen voneinander. Das ist die Kernladungszahl. Wasserstoff ist mit nur einem Proton das leichteste Element. Weil Elektronen so leicht sind, stammen 99,9 Prozent der Masse eines Elements von seinen Protonen und Neutronen. Alle Elemente existieren in mehrfacher Ausführung mit geringfügig unterschiedlichen Massen. Man nennt sie Isotope. Sie unterscheiden sich durch die Anzahl der Neutronen im Kern.

Manche Isotope sind instabil. Sie spalten sich in einem Prozess, der radioaktiver Zerfall genannt wird, in andere Elemente auf. Alle natürlichen Elemente treten auch vermischt mit radioaktiven Isotopen auf. Forscher können das Alter von Fossilien,

Steinen aus dem Weltraum und anderer historischer Gegenstände schätzen, indem sie das Verhältnis der Isotope in dem Exemplar feststellen.

Grenzen des Wissens

Wegen der Winzigkeit der Atome sollten wir uns nicht allzu sehr grämen, Jahrtausende gebraucht zu haben, um ihre Existenz zu beweisen. Im 19. Jahrhundert stellten Wissenschaftler fest, dass sie das Verhalten von Gasen und Flüssigkeiten erklären konnten, wenn sie von der Annahme ausgingen, dass Atome sich wie Billardkugeln gegenseitig herumschubsten. Heute können wir dank eines speziellen Instruments namens Elektronenmikroskop, das mit Hilfe eines dünnen Elektronenstrahls Oberflächen abtastet, Atome unmittelbar nachweisen.

Wissenschaftler der University of California in Berkeley trieben 2008 die Empfindlichkeit der Elektronenmikroskopie weit genug auf die Spitze, um einzelne, auf einer extrem flachen Oberfläche schwebende Wasserstoffatome – die leichtesten Atome schlechthin – herauszufischen.

Fakten zum Angeben

- *Könnten Sie einen Apfel auf die Größe der Erde ausweiten, wären die Atome darin so groß wie der ursprüngliche Apfel. Beißen Sie zu!*
- *Die Vorstellung von Atomen reicht ein paar tausend Jahre zurück zu frühen Eierköpfen wie Demokrit aus Griechenland, der behauptete, Materie müsse aus Teilchen bestehen, die nicht weiter in kleinere Stücke aufgeteilt werden könnten. (Das Wort Atom bedeutet im Griechischen «das Unzerschneidbare».) Die alten Griechen hatten nur zum Teil recht. Atome sind zwar die kleinsten Einheiten der Elemente, aber nicht die kleinsten Einheiten der Materie.*

DIE ELEMENTE

Basics

Elemente sind Substanzen, die nicht in einfachere Substanzen zerlegt werden können. Wir ordnen die Elemente nach ihrer Lage im Periodensystem der Elemente an, die der russische Chemiker Dmitri Mendelejew 1869 allen Schulkindern auf der Welt hinterlassen hat. Heute wissen wir, dass sie unterschiedliche Atomsorten darstellen.

Das moderne Periodensystem ist in Reihen und Spalten eingeteilt. Elemente in derselben Spalte haben ähnliche chemische Eigenschaften. So sind zum Beispiel die alkalischen Metalle – Lithium, Natrium, Kalium und so weiter – derart reaktionsfreudig, dass sie beim Kontakt mit Wasser explodieren, während die Edelgase – Helium, Neon, Argon und so weiter – alle träge (inert) sind, d.h., sie leisten Widerstand gegen die Bildung von Molekülen.

Die Reihen sind eine kniffligere Angelegenheit. Elektronen umkreisen den Kern in unterschiedlichen Regionen, die Hüllen genannt und wie Stühle um einen Tisch besetzt werden können. Ein Atom strebt stets nach einer vollen Hülle. Die Chemie eines Elements hängt davon ab, wie vollständig seine äußere Hülle ist. Hat ein Atom ein Elektron zu wenig oder zu viel, kann es sich einfach ein anderes Elektron schnappen (oder eins seiner eigenen abgeben) und zu einem Ion werden.

Manche Elemente sind weit verbreitet, andere wiederum kommen äußerst selten vor. Sollten Sie ein Element benennen können, ist es wahrscheinlich ein allgemein bekanntes.

Die Erde und andere Felsplaneten bestehen aus Silizium, Eisen, Kohlenstoff, Stickstoff, Phosphor und aus ganzen Heerscharen weniger geläufiger Elemente. Die Erdatmosphäre ist hauptsächlich aus Stickstoff und Sauerstoff zusammengesetzt.

Grenzen des Wissens

Elemente, die schwerer als Fermium (100 Protonen) sind, zeichnen sich im Allgemeinen durch Instabilität aus. Deshalb existieren sie nur Tage, Stunden, wenige Sekunden oder noch kürzer. Forscher des Lawrence Livermore National Laboratory in Berkeley synthetisierten 2006 das superschwere Element 118, indem sie Isotope von Californium (98 Protonen) und Kalzium (20 Protonen) zusammenstoßen ließen. Es zerfiel in 0,9 Millisekunden in leichtere Elemente.

Das Periodensystem bewies 2007 seine Tugenden erneut, als Forscher in der Schweiz berichteten, dass das langlebige superschwere Element 112 («Copernicium») auf dieselbe Art und Weise Verbindungen mit Goldatomen einging wie die Spalten-Nachbarn Zink und Quecksilber.

Fakten zum Angeben

- *Die am häufigsten vorkommenden Elemente im Universum sind Wasserstoff und Helium.*
- *Man kann tatsächlich die meisten Elemente im Internet kaufen, sogar ein paar radioaktive. Es gibt Leute, die das Sammeln von Elementen zu ihrem Hobby gemacht haben.*
- *Die Elemente, aus denen die Erde besteht (auch die in unserem Körper), entstanden vor rund fünf Milliarden Jahren in sterbenden Sternen, die explodierten und ihre Asche im Weltraum verstreuten.*

MOLEKÜLE

Basics

Ein Molekül ist eine Kombination von Elementen, die zu einer Einheit miteinander verbunden sind. Wenn zwei einzelne Atome nicht genügend Elektronen haben, um ihre äußeren Orbitale zu füllen, können sie ihre Vollständigkeit erreichen, indem sie Elektronen bündeln, etwa so wie man in einem Restaurant zwei Tische zusammenschiebt. Ein Wasserstoffatom hat ein Elektron, braucht aber zwei, um vollständig zu sein. Wenn daher zwei Wasserstoffatome ihre beiden Elektronen miteinander teilen, sind beide glücklich. Die gemeinsame Benutzung von Elektronen nennt man Elektronenpaarbindung.

Moleküle, die aus zwei oder mehreren Elementen bestehen, werden Verbindungen genannt. Zu den berühmten Beispielen gehört Wasser, das aus zwei mit einem Sauerstoffatom verbundenen Wasserstoffatomen zusammengesetzt ist (abgekürzt durch H_2O). Ein weiteres Beispiel ist Kohlendioxid (CO_2). Auch Atome ein und desselben Elements können Moleküle bilden wie etwa Wasserstoff (H_2), Sauerstoff (O_2) und Ozon (O_3). Jene Elemente, die durch Vollständigkeit gesegnet sind – Helium gehört dazu –, neigen nicht zur Bildung von Molekülen welcher Art auch immer. Mit anderen Worten: Sie sind chemisch träge (inert).

Moleküle sind nie ganz und gar elektrisch neutral. Manche Atome in einem Molekül können die gemeinsamen Elektronen an sich reißen. Das Sauerstoffatom im Wasser ist ein gutes Beispiel dafür. Die Elektronen haften enger am Sauerstoff als an den Wasserstoffatomen. Deshalb hat der Sauerstoff eine partiell negative Ladung, während die Wasserstoffatome partielle positive Ladungen haben. Das führt dazu, dass Wassermoleküle dazu neigen, aneinander zu haften, indem sie ihre positiven und negativen Enden einheitlich anordnen.

Grenzen des Wissens

Unter den Elementen ragt der Kohlenstoff als einer der besten Verknüpfungskünstler heraus. Er benötigt acht Elektronen in seiner äußeren Hülle, hat aber nur vier. Deshalb geht er gern vier Verbindungen ein, normalerweise mit anderen Kohlenstoffatomen, aber auch mit Wasserstoff, Sauerstoff, Stickstoff und anderen Elementen. Es gibt unter dem Oberbegriff Organische Chemie eine ganze Wissenschaft der Kohlenstoffverbindungen. Das Leben auf der Erde besteht aus Kohlenstoffmolekülen, die man auch organische Moleküle nennt. Wir essen sie, spalten sie auf und bilden neue, die unseren Körper am Leben erhalten. Auf der Suche nach außerirdischem Leben sollten wir, so glauben die Wissenschaftler, Ausschau nach Anzeichen für Kohlenstoffchemie halten oder zumindest ihre Möglichkeit in Betracht ziehen.

Fakten zum Angeben

- *Nicht alle Verbindungen sind Moleküle. Wenn sich zwei Ionen zusammentun, nennt man das eine Ionenverbindung oder ein Salz. Speisesalz besteht aus positiv geladenem Natrium und negativ geladenem Chlor.*
- *Geckos haben sich als Wandkletterkünstler entwickelt und ziehen Vorteile aus einer schwächeren Form intermolekularer Bindung. Ihre Füße sind von vielen Millionen borstenähnlichen Seten*

bedeckt, die für die Maximierung der Van-der-Waals-Kräfte optimiert sind. Die kommen ins Spiel, wenn Elektronen an benachbarten Molekülen gleichzeitig hin und her zucken.

• In einer der am meisten zitierten Arbeiten Albert Einsteins berechnete er die Größe von Molekülen durch die Analyse der Brown'schen Bewegung, dem Zickzackpfad von Blütenstaub und anderen winzigen Staubkörnern in Flüssigkeit.

CHEMISCHE ENERGIE

Basics

Um chemische Verbindungen zu lösen, wird Energie benötigt. Aber ähnlich wie bei zwischenmenschlichen Beziehungen lassen sich manche Moleküle leichter zerlegen als andere. Man muss nur genügend Energie in ein Molekül pumpen, und seine Atome werden abgespalten und gehen eigene Wege. Deshalb erweisen sich Bunsenbrenner im Chemieunterricht auch als so nützlich. Sind die Elemente erst einmal von ihren molekularen Fesseln befreit, können sie sich umstrukturieren, um neue, stabilere Moleküle zu bilden. Dieser Prozess wird eine chemische Reaktion genannt.

Chemische Verbindungen sind Energiequellen. In einer wärmeabgebenden Reaktion setzen aufgebrochene Verbindungen ihre Energie als Wärme frei. Das geschieht zum Beispiel, wenn man ein Feuer anzündet oder eine Maschine anwirft. Wärme aus Reibung, ein Streichholz oder eine Zündkerze spalten jeweils ein paar Kohlenwasserstoffmoleküle, die ihre Energie als Wärme abgeben, die noch mehr Moleküle aufspaltet und so weiter.

Derselbe grundlegende Prozess findet in unseren Körpern statt. Wir essen Kohlenwasserstoffmoleküle (Zucker und Fette), während unser Körper speziell geformte Moleküle einsetzt, um sie zu spalten. Die von den aufgebrochenen Verbindungen freigesetzte Energie wird auf komplizierte Weise umgeleitet, um alles Mögliche zu bewirken: die Bewegung unserer Muskeln, das Wachsen unserer Zellen und ihre Reparatur sowie die

Versorgung unseres Gehirns mit Energie. (Siehe *Instant Egghead Guide: The Mind*, um mehr über die Vorgänge in diesem Organ zu erfahren.)

Grenzen des Wissens

Den größten Teil unserer Energie gewinnen wir aus fossilen Brennstoffen. Aber es gibt noch andere Möglichkeiten, chemische Energie zu erzeugen, wie zum Beispiel mit der Brennstoffzelle, ein Apparat, der Strom produziert, indem er Protonen (alias Wasserstoffionen) durch eine Membran leitet und sie mit Sauerstoff verschmilzt, um Wasser hervorzubringen. Es ist kein Zufall, dass dieses Verfahren der Art und Weise ähnelt, wie der menschliche Körper Sauerstoff benutzt. Unsere Zellen trennen energiereiche Protonen von Kohlenwasserstoffmolekülen und verwenden sie, um eine Art Strom zu erzeugen, der unsere Zellen mit Energie versorgt. Anschließend werden sie mit Sauerstoff verbunden, sodass Wasser entsteht. Verbrauchte Kohlenstoffmoleküle werden als CO_2 ausgeatmet.

Fakten zum Angeben

- *In endothermen Reaktionen nehmen Moleküle Wärme aus ihrer Umgebung auf und wandeln die Energie in chemische Verbindungen um. So funktionieren kalte Packungen.*
- *Exothermische Reaktionen sind nützlich, um Dinge in die Luft zu jagen. Werden die Verbindungen in Trinitrotoluol-Molekülen (TNT) aufgebrochen, wird sehr schnell Energie an die Umgebung freigesetzt.*
- *Die Atome in einem Molekül schwingen unaufhörlich. Wärme treibt chemische Reaktionen an, weil sie die Atome schneller schwingen lässt.*

AGGREGATZUSTÄNDE

Basics

Hier auf der Erde kommt jedes Material – sowohl elementares als auch zusammengesetztes – in einem von drei Zuständen vor: fest, flüssig oder gasförmig. Es gibt diese Aggegatzustände, weil Moleküle über schwache chemische Verbindungen, wie sie zum Beispiel zwischen Wassermolekülen bestehen, aneinanderhaften. Diese Verknüpfungen verleihen ihnen Eigenschaften wie Härte oder Feuchtigkeit, die sie als individuelle Teilchen nicht haben. Die Temperatur, bei der eine Substanz schmilzt (oder kocht), hängt von der Stärke ihrer chemischen Bindungen ab. So sind Moleküle im Felsgestein wesentlich fester zusammengefügt als Wassermoleküle.

Moleküle pendeln ständig vor sich hin. Wir nennen das Wärme oder Temperatur (was nicht ganz dasselbe ist, wie wir noch sehen werden). In einem Feststoff schwingen die Moleküle nicht genug, um die Verbindungen zwischen ihnen zu lösen. Sie bewahren ihre Form, wie es Legosteine tun, die zusammengesetzt worden sind. Wird mehr Wärme zugeführt, fangen die Moleküle so stark an zu schwanken, dass sie sich von ihren Nachbarn befreien und zu tanzen beginnen – etwa so, als greife man in einen Karton mit Legosteinen und wühle darin herum. Dann ist der Feststoff zur Flüssigkeit geworden, die fließt, aber ihr Volumen nicht verändert.

In einem Gas sind die Verbindungen zwischen den Molekülen ganz und gar zerstört worden. Sie schweben umher ohne übergreifende Form, und ihr Volumen dehnt sich mit zunehmender

Temperatur aus. Ein heißes Gas ist weniger dicht als ein kaltes Gas. Aus diesem Grund steigt heiße Luft nach oben.

Grenzen des Wissens

Wenn ein Gas sehr heiß wird – wir sprechen von Tausenden oder Millionen Grad –, zerreißen Wärmeschwingungen einige der Atome in Elektronen und Kerne. Diese elektrisch geladene Wolke wird Plasma genannt. Daraus bestehen die Sonne und die anderen Sterne, was bedeutet, dass dies der am weitesten verbreitete Aggregatzustand im Universum ist. Plasma-Fernseher rufen ein Plasma hervor, das Licht abgibt. In größerem Maßstab arbeiten Wissenschaftler daran, leistungsstarke Magnetfelder zu erzeugen. Diese sollen Plasma unter Kontrolle bringen, um Kernfusionsreaktionen in Gang zu setzen.

Fakten zum Angeben

- *Ein einziges Luftmolekül bei Zimmertemperatur stößt mit anderen Molekülen mehr als eine Milliarde Mal pro Sekunde zusammen.*
- *Mikrowellenherde funktionieren, indem sie elektrische Felder erzeugen, die rasch hin und her oszillieren und die Atome in Schwingungen versetzen.*
- *Wenn man Helium auf −270 °C herunterkühlt, verliert es seine Zähflüssigkeit und wird zur Supraflüssigkeit, die wie eine außerirdische Lebensform die Wände eines Behälters hochklettern kann.*

ENERGIEERHALTUNG

Basics

In letzter Zeit taucht immer wieder das Wort Energie auf. Aber was ist Energie eigentlich? Wir essen, um uns Energie zu verschaffen; wir verbrennen fossile Brennstoffe, damit elektrische Energie aus den Steckdosen in der Wand kommt. Eierköpfe haben sich auf den gemeinsamen Nenner geeinigt, dass Energie die Fähigkeit ist, eine Veränderung zu bewirken. Sie ist eine wesentliche Eigenschaft der Materie.

Eine der grundlegendsten Beobachtungen, die Forscher je gemacht haben, läuft auf Folgendes hinaus: Unabhängig von der Art und Weise der Energieumwandlung, ist die Energiemenge am Ende des Prozesses dieselbe wie am Anfang. Dieses Prinzip wird Energieerhaltung genannt.

Es gibt zwei grundlegende Formen von Energie: Objekte in Bewegung haben kinetische Energie, die sie an alles weitergeben, was mit ihnen zusammenprallt. Wenn Sie gehen, fügen Sie dem Fußweg Energie hinzu, indem Sie die Atome unter Ihren Füßen wegstoßen. Schallenergie ist die kinetische Energie, die Wellen von Molekülen nach außen verbreiten, wie es auch die Wellen in einem Teich tun.

Selbst wenn sich ein Objekt in einem Ruhezustand befindet, hat es das Potenzial, eine Veränderung zu verursachen. Wir sagen, es hat potenzielle Energie, die die zweite grundlegende Form der Energie ist. Sie ist auf die Gravitation und auf andere Kräfte zurückzuführen. Ein Glas Wasser in Ihrer Hand hat das Potenzial herunterzufallen. Es hat daher Gravitationspotenzialenergie. Chemische Verbindungen speichern chemische Energie.

Grenzen des Wissens

Im Wesentlichen stammt die ganze Energie auf der Erde von der Sonne. Das Sonnenlicht erwärmt den Erdboden, die Atmosphäre und unsere nackten Arme. Die Pflanzen fangen Sonnenenergie ein und wandeln sie in Kohlenwasserstoffe um, die wir essen oder als Futter für Tiere verwenden, die wir dann später essen. Fossile Brennstoffe sind einfach nur uralte Pflanzen und Tiere, die in der Erdkruste zu Schmiere zerquetscht wurden.

Wir können die Energie der Sonne durch den Einsatz von Solarzellen unmittelbar anzapfen. Im Prinzip sind sie eine sauberere Energiequelle als Öl oder andere fossile Brennstoffe, die bei ihrem Einsatz das Treibhausgas Kohlendioxid erzeugen. Andere Möglichkeiten, die Energie nicht fossiler Brennstoffe anzuzapfen, sind Windmühlen und Wasserfälle sowie Wärme, die aus dem Inneren der Erde kommt.

Fakten zum Angeben

- *Die Umwandlung einer Art von Energie in eine andere kann viele Formen annehmen. Forscher haben herausgefunden, dass die Sprengung von Flüssigkeiten mit Ultraschall Blasen erzeugen kann, die so heftig zusammenbrechen, dass dabei Temperaturen von einigen Millionen Grad entstehen.*
- *Der deutsche Chirurg Julius Robert von Mayer war ein Mitentdecker des Prinzips der Energieerhaltung. Er beobachtete 1842, dass seine Patienten in Niederländisch-Ostindien roteres Blut hatten als seine normalen Patienten, was auf einen niedrigen Sauerstoffverbrauch zur Beibehaltung der Körpertemperatur hinwies.*

WÄRME UND TEMPERATUR

Basics

Eine sehr geläufige Form von Energie ist Wärme. Wir erwähnten bereits, dass Wärme und Temperatur nicht dasselbe seien. Temperatur ist das durchschnittliche Maß des Schwankens in einer Anordnung von Molekülen. Die Wassermoleküle in einem Becher heißem Kaffee schwanken heftiger als die in einem Glas kalter Milch. Wärme ist Temperatur in Bewegung. Vermischt man kalte Milch mit heißem Kaffee, stoßen die Kaffeemoleküle die Milchmoleküle so lange umher, bis alle Moleküle gleichmäßig schwingen.

Wärme kann Arbeit leisten. Wenn Gasmoleküle schwingen, stoßen sie mit allem zusammen, was sich ihnen in den Weg stellt. Erwärmt man ein Gas, werden die Schwingungen immer heftiger, sodass sich das Gas ausdehnt, sofern der Behälter, in dem es sich befindet, dies zulässt. Ist das nicht der Fall, steigt der Druck, folglich stoßen die Gasmoleküle häufiger und heftiger an die Behälterwände. Ein anderes Beispiel: Der Automotor funktioniert, indem er ein Luft-Benzin-Gemisch verbrennt, das einen Kolben in Bewegung setzt, der schließlich die Räder dreht.

Wie sorgfältig man auch eine Maschine bedient, ganz lässt es sich nie vermeiden, einen Teil der Energie als Wärme zu verschwenden. Es kommt nicht darauf an, ob die betreffende Maschine eine von Menschen gebaute ist wie ein Auto oder ein Computer, ob es sich um einen gewachsenen Organismus wie ein Bakterium oder um einen Bewohner in den Weiten des Universums handelt, etwa einen Stern. Ohne eine gelegentliche frische Zufuhr von Energie wird jedes Objekt allmählich seinen Betrieb einstellen. Diese Vorstellung wird auch Zweiter Hauptsatz der Thermodynamik genannt.

Grenzen des Wissens

Das von einem Objekt abgestrahlte Licht sagt etwas über dessen Temperatur aus. Schwingende Moleküle geben infrarotes Licht ab, das unser Körper als Wärme wahrnimmt. Wenn die Temperatur eines Objekts einen bestimmten Punkt überschreitet, gibt es sichtbares Licht ab. Stellen Sie sich ein Stück glühende Kohle vor. Die Farbe eines erwärmten Objekts (die Lichtfrequenz, die es am stärksten ausstrahlt) hängt lediglich von seiner Temperatur ab. Das wird Schwarzkörperstrahlung genannt, und davon leiten wir dann auch die Temperatur der Sonne und anderer Sterne ab. Sterne kühlen nur sehr langsam ab – in der Größenordnung von Millionen bis Milliarden Jahren –, weil es nicht so viel Materie in ihrer Nähe gibt, die erwärmt werden könnte.

Fakten zum Angeben

- *Frühe Chemiker glaubten, Wärme sei eine hypothetische Flüssigkeit, die sie kalorische Flüssigkeit oder Phlogiston nannten.*
- *Ein Gummiband kann zu einer Thermodynamik-Lehrstunde werden. Dehnen Sie es, wird es warm. (Versuchen Sie, es mit den Lippen zu berühren.) Sie haben mechanische Energie in Wärme umgewandelt.*
- *Die Temperatur des Weltraums ist auf ein schwaches Glühen von Mikrowellen zurückzuführen, die kosmische Mikrowellen-Hintergrundstrahlung genannt wird. Wenn Sie ein Thermometer ins Weltall hielten, würde es 2,7 Kelvin anzeigen – das sind rund minus 270 °C.*

ENTROPIE

Basics

Eine Folge des Zweiten Hauptsatzes der Thermodynamik ist die Neigung eines energiehungrigen Systems, mit der Zeit immer «unordentlicher» oder vermischter zu werden. Die Entropie ist ein Maß dafür, wie viel Vermischung stattgefunden hat.

Die Entropie kann in jedem von seiner Umgebung isolierten System, sei es der Kaffee in der Thermoskanne oder ein Stern im Weltall, nur zunehmen oder gleich bleiben, aber niemals abnehmen. Temperaturunterschiede «wollen» sich selbst ausgleichen. Entropie strebt nach Zunahme.

In der Welt der Moleküle bezieht sich die Entropie auf die Anzahl der unterschiedlichen Möglichkeiten, wie die gleichen Moleküle vermischt werden können. Die Situation lässt sich mit einem unaufgeräumten Zimmer vergleichen. Auch dafür gibt es mehrere Möglichkeiten. Die Klamotten können auf dem Stuhl oder auf dem Fußboden liegen, Bonbonpapier auf dem Tisch oder unter dem Bett. Im Gegensatz dazu gibt es wesentlich weniger Optionen für ein aufgeräumtes Zimmer. Die Kleidungsstücke müssen zusammengefaltet und aufgehängt sein. Einwickelpapier landet im Papierkorb.

Aber sobald Sie mit dem Aufräumen aufhören, wird alles schnell wieder unordentlich. Dasselbe trifft auf Moleküle zu. Lassen Sie ein Fläschchen Parfüm unverschlossen stehen, und die Parfümmoleküle werden dazu tendieren, sich in die Luft emporzuschwingen. Dass sie sich alle zufällig in den Flakon zurückzittern, ist extrem unwahrscheinlich.

Grenzen des Wissens

Entropie ist mit dem Lauf der Zeit eng verknüpft. Offenbar unterscheiden die Naturgesetze nicht, ob man vorwärts oder rückwärts in der Zeit geht. Das Einzige, was schwingende Parfümmoleküle davon abhält, in die Flasche zurückzufinden, ist die Statistik. Es ist einfach viel zu unwahrscheinlich. Sollten wir dennoch Zeugen werden, wie es geschieht, würden wir sagen, die Zeit liefe rückwärts. Wissenschaftler glauben, wir erleben den Lauf der Zeit, weil das Universum allmählich immer unordentlicher wird.

Fakten zum Angeben

- Der österreichische Physiker Ludwig Boltzmann dachte sich eine Formel aus, mit der sich die Entropie mit den verschiedenen möglichen Anordnungen einer Gruppe von Molekülen verbinden ließ. Sie steht auf seinem Grabstein.
- Wir sagten, das Leben verletze den Zweiten Hauptsatz nicht. Lebewesen befinden sich definitiv auf einer hohen Ordnungsstufe, allerdings erreichen sie ihre Ordnung dadurch, dass sie in ihrer äußeren Umgebung mehr Unordnung schaffen, als sie sie in ihren Körpern bewahren.

DER ATOMKERN

Basics

Der Kern ist winzig, selbst nach atomaren Maßstäben. Hätte ein Wasserstoffkern die Größe einer Murmel (von rund einem Zentimeter Durchmesser), wäre sein Elektron knapp hundert Meter entfernt. Man fragt sich, was in einem derart kleinen Raum überhaupt passieren kann. Gedulden Sie sich bitte einen Augenblick. Der Kern ist wirklich der aufregendste Bestandteil des Atoms. Obwohl er stabil zu sein scheint, kann er Bruchstücke seiner selbst herausschießen, sich mit anderen Kernen verbinden und sogar explodieren, wobei ein ganzer Schauer anderer Teilchen entsteht. Vielleicht fragen Sie sich, warum es den Kern überhaupt gibt. Wenn gleiche Ladungen sich abstoßen, müsste dann nicht die gegenseitige elektrische Abstoßung aller positiv geladenen Protonen den Kern auseinandersprengen? Nun stellt sich aber heraus, dass es eine noch stärkere Kraft gibt, die der elektrischen Abstoßung entgegenwirkt. Sie wird starke Kraft genannt und lässt Protonen und Neutronen aneinanderhaften wie Kühlschrankmagneten.

Die Protonen sind zu fest gepackt? Fügen Sie einfach Neutronen hinzu und – voilà: Sekundenklebstoff. Jedenfalls bis zu einem bestimmten Punkt. Hat ein Kern mehr als 83 Protonen, kann keine noch so große Menge Neutronenkleber sie auf ewig zusammenfügen. Der Kern wird schließlich in einem Prozess, der radioaktiver Zerfall genannt wird, in die Brüche gehen. Eine zweite Kernkraft – die schwache Kraft – ist verantwortlich für eine bestimmte Form der Radioaktivität.

Grenzen des Wissens

Wir erwähnten, der Kern könne schmelzen. Im Beschleunigerring für relativistische Schwerionen (RHIC) in Long Island, New York, ließen die Forscher Goldkerne mit 99,99 Prozent Lichtgeschwindigkeit zusammenstoßen. Dabei schmolzen sie zu einer Wolke aus Quarks – das sind Teilchen innerhalb der Protonen und Neutronen – und «Gluonen», einer anderen Art von Teilchen, die Quarks auf ganz natürliche Weise zusammenkleben (vom englischen «to glue» = kleben). Diese Mischung wird Quark-Gluon-Plasma genannt. Es ist die heißeste und dichteste Materieform, die Wissenschaftler je erzeugt haben. Die Forscher glauben, das Universum sei ein paar Mikrosekunden nach dem Urknall ganz vom Quark-Gluon-Plasma erfüllt gewesen.

Fakten zum Angeben

- *Der englische Physiker Ernest Rutherford entdeckte den Atomkern 1909, indem er sogenannte Alphateilchen auf eine Goldfolie feuerte. Die leichten und positiv geladenen Alphateilchen schienen auf kleine, positiv geladene Klümpchen zu stoßen; Rutherford verglich diesen Vorgang mit einer Granate, die von einem Bogen Seidenpapier abprallt.*
- *Der Kern kann auch in Hüllen daherkommen wie Elektronen in einem Atom. Superschwere Elemente sind vermutlich stabil, weil die Anzahl der Protonen und Neutronen, die ihre Kernhüllen ausfüllen, «magisch» ist.*
- *Das Quark-Gluon-Plasma hat eine Temperatur von einigen Billionen Grad und einen Druck von* 10^{30} *Erdatmosphären.*

RADIOAKTIVITÄT

Basics

Radioaktivität ist ein Vorgang, bei dem ein Element in ein anderes umgewandelt wird. Sie tritt auf, weil der Kern wegen der Abstoßung zwischen den Protonen unter erheblicher Spannung steht und den Druck irgendwie loswerden muss. Alle Elemente, die schwerer als Bismut (die Nummer 83 im Periodensystem) sind, sind immer radioaktiv, während alle Elemente auch radioaktive Isotope haben.

Wenn ein radioaktives Isotop zerfällt, kann es Protonen auf die eine oder andere Art gewinnen oder verlieren. Im Alphazerfall wühlt sich ein Heliumkern (auch Alphateilchen genannt) in einem Prozess namens Quantentunneln wortwörtlich seinen Weg aus dem Kern heraus. Der Alphazerfall von Uran (Element 92) bringt zum Beispiel Thorium (Element 90) hervor. Der Betazerfall ist etwas schräger. Dabei verwandelt sich ein Neutron (mittels der bereits erwähnten schwachen Kraft) in ein Proton und gibt dabei ein Elektron ab, das man ein Betateilchen nennt. Zwei Betazerfälle wandeln Thorium wieder in ein leichteres Isotop von Uran um.

Die von Natur aus radioaktiven Elemente führen gewissermaßen einen Alpha-Beta-Tanz auf – sie verlieren Protonen, um sie anschließend zurückzugewinnen –, bis sie zu Blei mit einem stabilen Kern geworden sind. Allerdings geschieht das nicht über Nacht. Radioaktive Proben zerfallen mit einer Geschwindigkeit, die als die Halbwertszeit des Elements bezeichnet wird. Das ist die Zeit, die vergeht, bis die Hälfte der Atome in einer

Probe zerfallen sind. (Der Zerfall der einzelnen Atome unterliegt dem Zufall.) Die Halbwertszeit von Uran beträgt 4,5 Milliarden Jahre, was in etwa dem Alter der Erde entspricht.

Grenzen des Wissens

Alpha- und Betateilchen sind gefährlich, weil sie sich in unseren Körper eingraben und Elektronen von wichtigen Molekülen abziehen können, was potenziell zum Tod von Zellen oder zu Mutationen führt, die Krebs erregen können. Der frühere russische Geheimdienstagent Alexander Litwinenko wurde 2006 in Großbritannien mit Polonium-210 vergiftet, einem Alphastrahlen abgebenden radioaktiven Isotop mit einer Halbwertszeit von 138 Tagen. Die Täter wussten offenbar nicht, dass es ausreichend empfindliche Tests gab, die Spuren des Isotops im Körper nachweisen konnten.

Fakten zum Angeben

- Radioaktive Isotope sind buchstäblich heiß. Ein Gramm Polonium kann genügend Alphateilchen produzieren, um sich selbst auf mehr als 482 °C aufzuheizen. New Horizons, eine NASA-Sonde zur Erkundung des Zwergplaneten Pluto, wird von 11 Kilogramm Plutonium-238 angetrieben.
- Neutronen sind außerhalb des Kerns instabil. Blieben sie sich selbst überlassen, würden sie innerhalb von durchschnittlich 15 Minuten in Protonen zerfallen (ein hochtrabendes Wort für eine Umwandlung).
- Alpha- und Betateilchen wurden nach ihrer Fähigkeit benannt, Materie zu durchdringen. Ein Blatt Papier blockiert Alphateilchen, aber um Betateilchen aufzuhalten, braucht man schon eine Aluminiumplatte.

KERNFUSION

Basics

Wenn die Kerne zusammengequetscht und auf viele Millionen Grad erhitzt werden, können sie miteinander verschmelzen, um schwerere Kerne zu bilden. Dieser Prozess wird (sieh einer an) Kernfusion genannt, wobei eine enorme Energiemenge freigesetzt wird. Die Sonne und andere Sterne beziehen ihre Energie aus der Fusion von Wasserstoff zu Helium. Ohne Kernfusion würde die Sonne nicht so scheinen, wie wir es gewohnt sind.

In den einfachsten Fusionsreaktionen verschmelzen Wasserstoffkerne, um Helium zu bilden. Wie beim Lagerfeuer erfordert die Reaktion Wärme, um in Gang zu kommen. Wegen ihrer elektrischen Abstoßung widersetzen sich die Protonen einer Vereinigung. Aber werden sie auf 10 Millionen Grad erhitzt, taumeln sie so heftig hin und her, dass sie sich berühren, und sobald das geschieht, tritt die Kernkraft auf den Plan, wandelt die Protonen in Neutronen um und verbindet sie zu einem Heliumkern.

In Sternen werden vier Protonen benötigt, um in einer sogenannten Proton-Proton-Reaktion Helium zu erzeugen. Der Vorgang ist selbsterhaltend, weil er eine Menge Energie abgibt. Woher kommt diese? Ein Heliumkern ist 0,7 Prozent leichter als die Summe der Massen zweier Protonen und zweier Neutronen. Die fehlende Masse muss irgendwo geblieben sein, und nach der Einstein'schen Gleichung $E = mc^2$ entspricht die Masse der Energie. Die überschüssige Masse ist also in Energie umgewandelt worden.

Grenzen des Wissens

Forscher würden gern die Fusion einsetzen, um Elektrizität zu erzeugen. Heizt man Materie auf Temperaturen auf, die für die Kernfusion erforderlich sind, entsteht ein Plasma, ein heißes Gas aus Elektronen und Kernen, das gefährlich und schwer zu kontrollieren ist. In einem Stern löst die Gravitation dieses Problem, aber hier auf der Erde müssen wir uns etwas anderes einfallen lassen. Inzwischen hat ein internationales Team in Südfrankreich endlich damit begonnen, den Prototyp eines Fusionsreaktors zu bauen, der ITER genannt wird: Internationaler Thermonuklearer Experimental-(Fusions)Reaktor. Das 11,5-Milliarden-Euro-Projekt ist bereits seit mehr als 20 Jahren in Arbeit und soll ein leistungsstarkes elektromagnetisches Feld in Form eines Doughnuts erzeugen – *Tokamak* (Stromfluss im Torus) genannt –, um das Plasma für kontinuierliche Fusionsreaktionen zu erhitzen und zu kontrollieren.

Fakten zum Angeben

- *Erinnern Sie sich an den Song von Moby über Menschen, die aus Sternen gemacht sind? Es stimmt. Die Fusion in Sternen ist die Quelle aller Elemente, die schwerer als Lithium (die Nummer drei im Periodensystem hinter Helium) sind.*
- *Alle Elemente bis zum Eisen wurden in der letzten Lebenswoche eines Sterns produziert. Die Elemente von Kobalt bis zum Uran entstanden im letzten Augenblick, bevor der Stern explodierte, was als Supernova bezeichnet wird.*

KAPITEL ZWEI

ELEKTROMAGNETISMUS UND LICHT

ELEKTRIZITÄT

Basics

Zur Elektrizität gehören Funken und Blitze, die elektrische Energie aus Steckdose und Batterien sowie die elektrostatische Aufladung, die Ihr Haar abstehen lässt, nachdem Sie es mit einem Luftballon gerieben haben. In allen Fällen geht es um geladene Teilchen.

Jedes geladene Teilchen ist von einem sogenannten elektrischen Feld umgeben, eine Art unsichtbarer Einfluss, der bewirkt, dass sich gleiche Ladungen abstoßen und gegensätzliche Ladungen einander anziehen. Die Stärke der Abstoßung und Anziehung hängt davon ab, wie konzentriert die Ladungen sind.

Ein elektrischer Strom ist ein Haufen geladener Teilchen, die sich in einer Schleife bewegen. Metalle und andere Materialien ermöglichen den Elektronen eine größere Bewegungsfreiheit. Man nennt sie elektrische Leiter. Materialien wie Glas und Gummi sind Nichtleiter; sie wirken dem Fluss der Elektronen entgegen.

Wenn Sie in Strümpfen über den Teppich gehen, ziehen Atome im Teppich Elektronen aus den Atomen in Ihren Strümpfen. Weil die Luft normalerweise ein Nichtleiter ist, können die Ladungen nirgendwo hingehen, sodass Sie selbst geringfügig positiv aufgeladen werden. Wenn Sie dann an die Türklinke fassen, springen die Elektronen vom Metall auf Ihre Hand über und erzeugen dabei Funken, die Ihnen einen elektrischen Schlag verpassen.

Das Gleiche geschieht bei einem Gewitter. Wolken bauen eine positive Ladung auf, bis das elektrische Feld Elektronen aus den Luftmolekülen reißt, sodass geladene Teilchen zwischen Erdboden und Himmel fließen können. Der Stromfluss erhitzt die Umgebungsluft und erzeugt den Blitz.

Grenzen des Wissens

Normalerweise ist leitendes Material unvollkommen; es leistet in einem nicht zu vernachlässigenden Maß Widerstand gegen den elektrischen Strom. Wenn einige Leiter allerdings auf extrem niedrige Temperaturen abgekühlt werden, sind sie plötzlich in der Lage, einen Strom mit nahezu null Widerstand zu leiten – ein Phänomen, das Supraleitfähigkeit genannt wird. Weil Drähte aus supraleitendem Material wesentlich mehr elektrische Energie transportieren können als normale Kupferdrähte derselben Stärke, installieren manche Energieunternehmen sie unterirdisch, um die Energieversorgung in Städten zu verstärken und um den Menschen den Blick auf unansehnliche Stromleitungen zu ersparen.

Fakten zum Angeben

- *Die erste Dokumentation über elektrostatische Aufladung geht zurück auf das Jahr 600 v. Chr., als der griechische Philosoph Thales von Milet über die Wirkungen schreibt, die einsetzen, wenn man Bernstein mit einem Fell reibt. (Das Wort Elektrizität stammt vom griechischen Wort für «Bernstein».)*
- *In Kupferdraht pflanzen sich Elektronen ungefähr einen Millimeter pro Sekunde fort. Elektrische Energie wird viel schneller übermittelt, weil die Elektronen sich gegenseitig anstoßen wie Wasser in einem Gartenschlauch.*

MAGNETISMUS

Basics

Der Magnetismus ist das Gegenstück zur Elektrizität. Anstelle von Ladungen hat ein Magnet zwei Pole – Nord- und Südpol –, die ein magnetisches Feld erzeugen. Wie bei der Elektrizität ziehen sich die Gegenpole an, während sich die gleichnamigen Pole abstoßen. Daher kommt der Spaß beim Spielen mit Kühlschrankmagneten. Die magnetischen Pole unterscheiden sich von Ladungen, weil man nie einen einzelnen Pol isolieren kann. Wenn Sie einen Magneten entzweibrechen, haben sie zwei kleinere, aber selbständige Magneten.

Das Magnetfeld um einen Magneten lässt sich visualisieren, indem man Eisenspäne um den Magneten streut. Die Späne ordnen sich in Bögen an, die wie ein Quirl von beiden Enden eines Stabmagneten ausgehen. Das sind die magnetischen Feldlinien, die Einheiten eines Magnetfelds. Das Magnetfeld bewirkt, dass sich die magnetischen Regionen im Eisen alle auf die gleiche Weise anordnen, wobei jeder Eisenspan zu einem kleinen Magneten wird, der in dieselbe Richtung zeigt wie der große Magnet.

Bewegte Ladungen erzeugen ein Magnetfeld. Das ist die Vorstellung hinter Elektromagneten: Der elektrische Strom fließt durch einen Draht, der um einen Nagel oder ein anderes Stück Metall gewickelt wird, und erzeugt ein Magnetfeld, das das Metall magnetisiert. Um das Magnetfeld zu forcieren, verstärkt man den Strom oder wickelt mehr Draht um das Metall.

Die Sonne hat ein massives Feld, das sich durchs ganze Sonnensystem erstreckt und geladene Teilchen überträgt, die Sonnenwind genannt werden. Das Magnetfeld der Erde ist verantwortlich für die *aurora borealis*, auch unter dem Begriff nördliche Polarlichter bekannt.

Grenzen des Wissens

So könnte der Superschurke Magneto Ihre Gedanken kontrollieren: Nicht nur bewegte Ladungen erzeugen magnetische Felder, sondern bewegliche Magnetfelder können umgekehrt auch einen elektrischen Strom hervorrufen. Die richtige Form von Magnetfeld kann elektrische Schaltkreise in Ihrem Gehirn beeinflussen – die Grundlage für Lernen, Gedächtnis und Denken (soweit wir wissen). Forscher untersuchen eine Technik namens Transkranielle Magnetstimulation, bei der ein starker Magnet benutzt wird, um elektrische Schaltkreise in der Gehirnregion unterhalb des Magneten anzuregen. Diese Methode soll erforscht werden, um mögliche Auswirkungen auf Migräne, Parkinson und klinische Depression festzustellen.

Fakten zum Angeben

- Elektronen verhalten sich wie winzige Magneten. Magnetisches Material zeichnet sich dadurch aus, dass sich die magnetischen Pole aller Elektronen auf die richtige Art und Weise summieren.
- Forscher haben starke Magneten benutzt, um lebendige Frösche, Grashüpfer, Haselnüsse, Tulpen und andere Organismen frei schweben zu lassen.
- Kernspintomographen verwenden starke Magnetfelder, um festzustellen, was im Gehirn und im Körper geschieht. Das Magnetfeld bringt Wasserstoffatome dazu, wie kleine Kreisel zu vibrieren und Radiowellen abzugeben.

ELEKTROMAGNETISMUS

Basics

Der Elektromagnetismus ist die Doppelhelix der Physik. Wie der Name andeutet, werden hier Elektrizität und Magnetismus zu einer einzigen Kraft zusammengefasst, die Atome und Moleküle zusammenhält und auch dafür sorgt, dass Ihr Handy funktioniert. Der Elektromagnetismus wurde in den 1860er Jahren von dem schottischen Physiker James Clerk Maxwell entwickelt und gehört zu den besten Beispielen für die Vereinheitlichung in der Wissenschaft, denn hier erweist sich, dass zwei scheinbar unabhängige Dinge zwei Seiten einer Medaille sind.

Maxwell erkannte, dass elektrische und magnetische Felder stets im Verbund auftreten, weil jede Veränderung in einem elektrischen Feld eine Veränderung im Magnetfeld bewirkt und umgekehrt. Einer der nützlichsten Aspekte des Elektromagnetismus ist die Induktion, die einen Strom in einem Draht dazu veranlasst, mit Hilfe eines Magnetfelds einen Strom in einem benachbarten Draht zu erzeugen. Sie haben das Prinzip schon erlebt, falls Sie zum Beispiel eine elektrische Zahnbürste benutzen, zu der eine Aufladestation gehört. Die Induktion ist die Grundlage der modernen elektrischen Energieversorgung.

Stellen Sie sich vor, elektrische und magnetische Felder seien zwei Slinkys (Übersetzer: eine Spielzeug-Metallfeder, die Treppen heruntergehen kann), die nebeneinander ausgebreitet sind. Wenn sich ein Elektron bewegt, verursacht es eine Welle im elektrischen Feld, ähnlich wie eine Wellenbewegung durch ein Slinky geht, wenn man ihm einen Schubs gibt. Diese elektrische

Welle setzt den magnetischen Slinky in Bewegung. Die beiden Schwingungen verstärken sich gegenseitig. Bewegt sich die eine auf und nieder, vibriert die andere von einer Seite zur anderen. Die miteinander verbundenen Schwingungen rasen mit Lichtgeschwindigkeit durch den leeren Raum. Und sie sind in der Tat – Licht.

Grenzen des Wissens

Seit Nikola Tesla seine Erfindungen machte, haben Wissenschaftler nach Möglichkeiten gesucht, elektrische Energie wie Radiowellen durch die Luft zu verbreiten, aber über lange Strecken hinweg geht die Induktion normalerweise mit Mikrowellen einher, die uns grillen würden, falls sie auf uns einstürmten. Wissenschaftler am Massachusetts Institute of Technology wiesen 2007 nach, dass sie Energie an eine 60-Watt-Glühbirne übertragen konnten, die knapp zwei Meter von einer Stromquelle entfernt war. Sie befestigten eine Kupferspule an der Birne und eine passende zweite Spule an der Quelle. Dabei wurde niemand gebraten.

Fakten zum Angeben

- *Der Science-Fiction-Autor Arthur C. Clarke sagte einmal, ausreichend fortgeschrittene Technik sei nicht von Magie zu unterscheiden. Er muss damit den Elektromagnetismus gemeint haben.*
- *Einige Studien haben herausgefunden, dass Menschen, die einer großen Menge elektromagnetischer Strahlung von Handys oder Hochspannungsleitungen ausgesetzt sind, leichter an Krebs erkranken. Im Juli 2008 empfahl der Leiter eines Krebszentrums in Pittsburgh seinen Mitarbeitern, weniger Zeit mit dem Ohr am Handy zu verbringen – nur für den Fall, es könnte etwas dran sein.*

LICHTWELLEN

Basics

Licht ist dieses helle Zeug, das von der Sonne und aus Glühbirnen kommt. Vielleicht haben Sie es schon mal gesehen. Es transportiert Energie von einem Ort zum anderen. Sehen ist nur möglich, weil Moleküle in unserer Netzhaut die durch das Auge hereinströmende Lichtenergie der uns umgebenden Materie absorbieren.

In Alltagssprache ausgedrückt, ist Licht eine elektromagnetische Welle, eine Kräuselung im elektromagnetischen Feld. Wie jede Welle hat sie eine Geschwindigkeit, die von dem Medium abhängig ist, durch das sie sich bewegt. Die Lichtgeschwindigkeit in Wasser ist langsamer als die Lichtgeschwindigkeit in der Luft. Wenn Sie jemandem zuhören, der über die Lichtgeschwindigkeit spricht, dann bezieht er sich auf dessen Geschwindigkeit in einem Vakuum (im leeren Raum). Dort beträgt sie 299 792 458 Meter pro Sekunde. Nichts im Universum bewegt sich so schnell fort wie das Licht.

Geht das Licht jedoch aus der Luft in Wasser oder Glas über, verlangsamt es sich, sodass sich sein Pfad in Richtung der Oberfläche des Wassers oder des Fensters beugt. Kommt es wieder heraus, wird es andersherum gebeugt. Deshalb sieht ein Strohhalm in einem Glas Wasser gekrümmt aus wie ein «Z». Und das ist auch der Grund, weshalb Linsen in Brillen und Teleskopen Bilder vergrößern können. Das durch eine tränenförmige Linse scheinende Licht dehnt sich aus, wenn es auf der anderen Seite austritt.

Weißes Licht besteht aus unterschiedlichen Farben. Wenn Sie es durch ein Prisma lenken, breiten sich die Farben aus, weil jede einzelne geringfügig anders gebeugt wird.

Grenzen des Wissens

Die Unsichtbarkeit des Alien-Jägers in den *Predator*-Filmen ist gar nicht mal so weit hergeholt. Kürzlich ist es Wissenschaftlern gelungen, Spezialmaterial zu entwickeln, um Licht auf eine Art und Weise zu beugen, die in der Natur nicht vorkommt. Die Forscher haben behauptet, kugelförmiges sogenanntes Metamaterial könnte ein Objekt unsichtbar machen, indem es Licht dazu veranlasst, sich schneller als gewöhnlich fortzubewegen und wie Luft, die über die Tragfläche eines Flugzeugs gleitet, um die Kugel herumzusausen. Wissenschaftler an der Duke University machten 2006 erste Schritte in diese Richtung, als sie zeigten, dass konzentrische Scheiben aus Kupfer-Metamaterial Mikrowellen um die Mitte umlenken konnten. Hoffen wir also, uns die Unsichtbarkeit zu erobern, bevor es feindseligen Außerirdischen gelingt.

Fakten zum Angeben

- *Ein Lichtjahr ist die Entfernung, die Licht in einem Jahr zurücklegt. Sie beläuft sich auf 9,5 Billionen Kilometer.*
- *Die Lichtgeschwindigkeit ist so schnell, dass sie uns auf der Erde als unverzüglich erscheint, aber im Weltall machen die Entfernungen schon etwas aus. Das Licht der Sonne benötigt acht Minuten, um uns zu erreichen. Der nächste Stern, Proxima Centauri, ist 4,2 Lichtjahre entfernt.*

DAS ELEKTROMAGNETISCHE SPEKTRUM

Basics

Das Universum ist voll von elektromagnetischer Strahlung, von der das sichtbare Licht nur einen Bruchteil ausmacht. Das breitere elektromagnetische Spektrum reicht von Radio- und Mikrowellen bis zu Röntgen- und Gammastrahlen.

Licht hat eine Wellenlänge, die der Entfernung zwischen Kämmen und Tälern im gekräuselten elektromagnetischen Feld entspricht. Die unterschiedlichen Anteile des Spektrums sind durch die Wellenlänge der Strahlung definiert. Das Licht kürzerer Wellenlängen führt mehr Energie mit sich.

Das sichtbare Spektrum reicht vom Rot einer Wellenlänge von 750 Nanometern bis zu Violett bei 380 Nanometern. Wenn wir im Spektrum über Rot hinausgehen, kommen wir zu Infrarot, zu Mikrowellen und dann zu Radiowellen. Jenseits von Violett gibt es noch Ultraviolett, Röntgenstrahlen und Gammastrahlen, die man ionisierte Strahlung nennt, weil sie genügend Energie besitzen, um Elektronen aus ihren Kernen abzustoßen.

Wollten wir uns lediglich auf das sichtbare Licht beschränken, das aus der Materie kommt, würden wir eine Menge verpassen. Das einzige Licht, das von manchen Sternen zu uns dringt, ist höchstens infrarotes Licht, oder es sind Mikrowellen, aber es muss nicht unbedingt sichtbares Licht sein. Da wir das Universum bei unterschiedlichen Wellenlängen beobachten können, gelangen wir zu einem besseren Verständnis der Ereignisse.

Grenzen des Wissens

Erinnern Sie sich an die Röntgenbrillen, für die in Illustrierten und Comicheften geworben wurde? Durch die Kleidung von Leuten hindurchschauen! Die Freunde bloßstellen! Die Technik von heute hat diesen Traum endlich eingeholt, aber das Geheimnis hat nichts mt Röntgenstrahlen zu tun. Es sind vielmehr T-Strahlen oder Terahertz-Strahlung, der Anteil des elektromagnetischen Spektrums zwischen Infrarot und Mikrowellen (Wellenlängen von einem Millimeter bis zu einem zehntel Millimeter). Unschädliche Terahertz-Strahlung dringt durch Kleidung, aber nicht durch Metall. Manche Flughäfen testen Terahertz-Sicherheitsscanner, um Passagiere auf Waffen, Messer und andere Objekte zu überprüfen. Aber sind die Sicherheitsbestimmungen für Flughäfen nicht schon schlimm genug? Eine elektronische Leibesvisitation der Behörde für Innere Sicherheit muss doch nicht auch noch sein, oder?

Fakten zum Angeben

- Mikrowellen sind elektromagnetische Strahlung mit Wellenlängen im Zentimeter- bis Dezimeterbereich.
- Durchsichtiges Klebeband auf Rollen glüht auf, wenn man es schnell im Dunkeln abrollt. Es sendet auch Röntgenstrahlen aus, sofern man es in einem Vakuum ablöst, wie Forscher 2008 entdeckten. Sie nutzten den Effekt, um die Röntgenaufnahme eines Fingers zu machen.
- Radiowellen haben die längste Wellenlänge, die mehrere Kilometer weit reicht. Deshalb werden Radioteleskope als riesige Antennenschüsseln konstruiert.

PHOTONEN

Basics

Jahrhundertelang diskutierten die Forscher darüber, ob das Licht nun eine Welle oder ein Teilchen sei. (Das sind nun mal die Debatten, die Wissenschaftler führen.) Und in gewisser Hinsicht verhält sich das Licht tatsächlich wie eine Welle. Aber genau wie scheinbar glatte Materie aus einzelnen Teilchen zusammengesetzt ist, so besteht auch Licht eigentlich aus Teilchen, die Photonen genannt werden. Materie – insbesondere Elektronen – kann entweder Energie gewinnen, indem sie Photonen absorbiert, oder sie verliert Photonen, indem sie sie ausspuckt.

Ein entscheidender Aspekt bei Photonen ist die Energiemenge. Sie hängt von der Frequenz der elektromagnetischen Welle ab oder, anders ausgedrückt, von der Farbe des Lichts. Photonen einer höheren Lichtfrequenz transportieren auch mehr Energie. Deshalb schädigt ultraviolettes Licht die Haut, während infrarotes Licht harmlos ist. Die ultravioletten Photonen haben einfach mehr Schwung.

Richtet man Licht auf bestimmte Metalle, gibt es Elektronen einen Kick, wodurch ein elektrischer Strom entsteht. Wäre das Licht eine reine Welle, sollte helleres Licht den Elektronen einen größeren Schwung versetzen als ein trüberes Licht. Aber Experimente im späten 19. Jahrhundert zeigten, dass es auf die höhere Lichtfrequenz ankam. Unter einer bestimmten Frequenz schlägt Licht überhaupt keine Elektronen aus dem Metall heraus.

Aber es gibt noch etwas Erstaunliches bei Photonen. Im Gegensatz zu Atomen können zwei von ihnen denselben Ort gleichzeitig besetzen. Deshalb ist Laserlicht auch so leistungsfähig. Alle Photonen sind auf kleinem Raum konzentriert.

Grenzen des Wissens

Laser gehören zum festen Inventar moderner Technik. Sie sind entscheidende Bestandteile in DVD-Spielen und in Glasfaserkabelnetzen, die Breitbandverbindungen im Internet bereitstellen. Das ist toll, aber wann werden Laser auch Objekte in die Luft sprengen können? Nun, vielleicht eher, als Sie es für möglich halten. Im August 2008 behauptete der Rüstungskonzern Boeing, man habe erfolgreich eine Laserkanone an Bord eines Kanonenbootes auf der Luftwaffenbasis Kirtland in New Mexico getestet. Boeing-Vertreter sagten, man wolle 2013 die Gefechtsbereitschaft eines Systems zum Abschuss von Raketen, Artillerie- und Mörsergranaten von Lastwagen aus testen.

Fakten zum Angeben

- *Albert Einstein gewann 1921 den Nobelpreis für Physik für seine Definition des Lichts als Teilchen. Ironischerweise trug seine Arbeit dazu bei, den Weg für die seltsamen Effekte der Quantenmechanik zu ebnen, die er selbst nie ganz akzeptieren konnte.*
- *Superlaser erfüllen auch friedliche Zwecke. An der National Ignition Facility in New Mexico arbeiten die Wissenschaftler an einer Anordnung von 192 Lasern, die konstruiert wurden, um eine Kernfusion in Gang zu bringen. Geplant sind Tests für kommerzielle Fusionsreaktoren auf Laserbasis.*

KAPITEL DREI

DIE UNHEIMLICHE QUANTENWELT

WAS IST EIN QUANT?

Basics

Die Theorie der Quantenmechanik ist die Grundlage für unser Verständnis von Atomen und subatomaren Teilchen seit den ersten Augenblicken nach dem Urknall bis heute. Die Theorie ist für ihre Merkwürdigkeit berühmt, doch einige ihrer Schlüsselmerkmale sind gut verständlich. Die Quantentheorie bringt mit sich, dass die Energie der Materie immer mit mundgerechten Stücken einer festen Größe einhergeht. Das Wort *Quant* beschreibt eine unteilbare Einheit. Ein Teilchen kann, sagen wir, drei oder vier Einheiten oder «Quanten» Energie enthalten, aber niemals einen Wert dazwischen, wie etwa 3,5.

Wir können diese Quanten-Energiebrocken aus demselben Grund nicht sehen wie die Pixel in einem Fotoabzug. Im Vergleich zu den Energiewerten, mit denen wir es tun haben, sind sie zu klein. Sie tauchten auf, als Wissenschaftler das Atom im Detail zu erforschen begannen. Die Entfernung eines Elektrons zum Atomkern hängt von der Energiemenge ab, die es enthält. Wenn ein Elektron aber nur über eine bestimmte Energie verfügt, kann es nicht wie ein aufsteigendes Flugzeug auf ein höheres Orbital gelangen. Deshalb kreisen Elektronen in Wirklichkeit auch nicht um den Kern wie Planeten um die Sonne.

Das Elektron lässt sich eher mit einem Fahrstuhl vergleichen. Ein Orbital-Paar ist durch eine bestimmte Energiemenge voneinander getrennt – wie die Entfernung zwischen zwei Stockwerken. Um auf ein höheres Orbital springen zu können, muss ein Elektron ein Photon absorbieren, das haargenau die benötigte

Energiemenge enthält: nicht mehr und nicht weniger. Sitzt das Elektron dann einmal dort, kann es nur noch auf das niedrigere Orbital herunterfallen, indem es wieder genau die gleiche Energiemenge als Licht abgibt.

Grenzen des Wissens

Wir können ein Atom nicht auf dieselbe Art und Weise betrachten wie beispielsweise einen Planeten, weil die Elektronen des Atoms gestört werden, wenn man Licht auf sie richtet. Allerdings können Wissenschaftler extrem kurze Laserlichtimpulse abfeuern. Damit lässt sich ein Atom auf den Augenblick genau «anpingen», um zu sehen, wie es reagiert. Der Effekt ähnelt einem Stroboskop. Forscher am Max-Planck-Institut für Quantenoptik in Garching bei München haben Impulse benutzt, die nur ein paar hundert Attosekunden dauern – eine Attosekunde ist ein Milliardstel einer milliardstel Sekunde –, um zu untersuchen, wie Atome und Moleküle zu Ionen werden. Künftige Experimente könnten ihnen die Beobachtung gestatten, wie Orbitale während chemischer Reaktionen ihre Form verändern.

Fakten zum Angeben

- *Könnte ein Elektron jede beliebige Energiemenge abgeben, würde es innerhalb einer billionstel Sekunde in den Kern stürzen und dabei tödliche Gammastrahlen abfeuern.*
- *Die mundgerechte Natur der Quantenmechanik kommt durch eine äußerst kleine Zahl zum Ausdruck, die Planck'sche Konstante genannt wird, benannt nach dem deutschen Physiker Max Planck.*

WELLE-TEILCHEN-DUALITÄT

Basics

Wir haben erfahren, dass das Licht sowohl Welle als auch Teilchen sein kann. Könnte dasselbe vielleicht auch auf subatomare Teilchen zutreffen? Darauf können Sie wetten. Eine Möglichkeit, Elektronen in einem Atom zu betrachten, ist die Vorstellung einer zu einem Kreis zusammengelegten Gitarrensaite. Würden Sie die Saite anschlagen, könnte sie nur in bestimmten Frequenzen schwingen, ähnlich wie die Gitarrensaite einer bestimmten Länge auch nur bestimmte Noten wiedergeben kann.

Die Wellennatur von Teilchen ist ganz und gar nicht offensichtlich. Die eindeutigste Methode, um das Wellenverhalten von Teilchen zu beobachten, besteht darin, einen Haufen davon durch eine Anordnung schmaler Öffnungen zu schießen. Zwingt man eine Welle, sich durch Öffnungen zu bewegen, die kleiner sind als ihre Wellenlänge, wird sie eine Anordnung sich überlagernder Kräuselungen bilden, wie sie entstehen, wenn man zwei Steine nebeneinander in einen Teich wirft. Auf diese Weise bewiesen die Wissenschaftler erstmals, dass Licht sich wie eine Welle verhält. Leitet man Licht durch schmale Öffnungen, bildet es ein Muster aus hellen und dunklen Streifen, die man Interferenzstreifen nennt.

Wir bemerken die Wellennatur der Elektronen und anderer subatomarer Teilchen deshalb nicht, weil ihre Wellenlängen äußerst kurz sind. Aber mit anspruchsvoller Technik haben Forscher dasselbe Beugungsmuster für Elektronen beoachtet, das auch für Photonen gilt. Dasselbe trifft auf Neutronen und sogar auf einige Moleküle zu.

Grenzen des Wissens

Vielleicht haben Sie schon einmal von einem Elektronenmikroskop gehört. Wenn Sie jemals das Bild eines Bakteriums oder eines Virus gesehen haben, das aussah wie eine im Frost erstarrte Landschaft, dann war es die Aufnahme eines Elektronenmikroskops. In einem Lichtmikroskop lassen die von einer Oberfläche reflektierten Lichtwellen Merkmale erkennen, die zumindest den Durchmesser einer Lichtwellenlänge haben. Ein Elektronenmikroskop funktioniert genauso, nur ist es sehr viel leistungsstärker, weil Elektronen eine kürzere Wellenlänge haben. Lichtmikroskope erreichen nur zweitausendfache Vergrößerungen, während ein Elektronenmikroskop Bilder bis zu zwei Millionen Mal vergrößern kann.

Fakten zum Angeben

- *Um eine lebende Probe für ein Elektronenmiskroskop vorzubereiten, müssen Wissenschaftler spezielle Methoden anwenden. Die Körperoberfläche einer Biene etwa bekommt einen Goldüberzug, oder eine Probe wird in flüssigem Stickstoff schockgefroren, und anschließend bricht man ein Stück davon ab.*
- *Jedes Jahr finanzieren Unternehmen, die bildgebende Verfahren entwickeln, Wettbewerbe für die besten Mikroskopbilder lebendiger Organismen. Für die preisgekrönten Einreichungen sind recht häufig Elektronenmikroskope benutzt worden. Suchen Sie im Internet Nikons Wettbewerb «Small World».*

WAHRSCHEINLICHKEITSWELLEN

Basics

Vorsicht, bitte fallen Sie jetzt nicht vom Hocker. Nehmen wir an, wir hätten in dem Experiment, das Interferenzstreifen hervorruft, den Lichtstrahl so gedämpft, dass immer nur ein einziges Photon auf einmal durch die Schlitze ging. Dann würden wir sehen, wie jedes Teilchen an einem zufälligen Ort landet (wo der Teilchendetektor ein Energiequant aufspürt). Während immer mehr Photonen durchgingen, würden sie allmählich das Beugungsmuster aufbauen.

Wenn Sie im Alltag eine Münze werfen, landet sie zufallsbedingt mit dem Kopf oder mit der Zahl nach oben. Kennen Sie jedoch sowohl die genaue Position der Münzen und die Kräfte, die in dem Moment auf sie einwirken, wenn sie hochgeworfen werden, als auch die genaue Landeposition auf der Oberfläche, könnten Sie im Prinzip einen leistungsstarken Supercomputer benutzen, um das Landemanöver genau vorherzusagen.

Aber in der Quantenwelt gibt es kein Hilfsmittel zur Vorhersage, wo ein Teilchen landet, nachdem es durch die winzigen Schlitze gegangen ist. Hier kommt echter Zufall ins Spiel. Das Einzige, was wir sagen können, ist: Ein Teilchen wird durch etwas definiert, das wir eine «Wellenfunktion» nennen, die uns sagt, wie hoch die Wahrscheinlichkeit ist, dass ein Teilchen hier oder da landen wird. Das Gleiche gilt für andere Ereignisse in der Quantenwelt. Sie können nicht vorhersagen, welches Photon durch ein Fenster geht und welches reflektiert wird oder wann ein Elektron ein Photon abgeben wird.

Grenzen des Wissens

In der Zeit vor der Quantenmechanik glaubten Forscher, dass, falls sie ein Experiment auf genau die gleiche Weise zweimal durchführten, sie auch stets dasselbe Ergebnis erzielten. Die Quantenmechanik brach mit dieser Idealvorstellung. Einstein glaubte, der Theorie fehle noch ein entscheidender Bestandteil, der die Zufälligkeit in vertrauteren Begriffen erklären würde, und noch heute gibt es Forscher, die in dieser Hinsicht mit ihm übereinstimmen. Aber niemand kann den Erfolg der Quantenmechanik bestreiten, wenn es um Vorhersagen von Ereignissen in der subatomaren Welt geht.

Fakten zum Angeben

- *Kennen Sie diese schrägen Bildschirmschoner in Musikprogrammen, die synchron mit der Musik Schnörkel bilden? Man könnte die Wellenfunktion damit vergleichen. Die Höhe der Schnörkel gibt die Wahrscheinlichkeit an, das Teilchen an genau diesem Ort zu finden, während die Form des Schnörkels sich im Lauf der Zeit verändern kann.*
- *Einstein geriet regelmäßig mit seinem dänischen Kollegen Niels Bohr, dem Mitentdecker der Quantenmechanik, in Streit. Einstein bestand gegenüber Bohr darauf: «Gott würfelt nicht», bis Bohr eines Tages konterte: «Hören Sie auf, Gott vorzuschreiben, was er tun soll.»*
- *Die meisten Wissenschaftler kümmern sich nicht allzu sehr darum, was die Quantenmechanik bedeutet – zumindest nicht bei der Arbeit. Sie halten sich an die Devise «Halt die Klappe und rechne».*

★★★★★★★★★★★★★★

ÜBERLAGERUNG

★★★★★★★★★★★★★★

Basics

Häufig hört man, in der Quantenwelt könne ein Teilchen an zwei Orten gleichzeitig sein – ein Zustand, den man Überlagerung nennt. Das Beugungsexperiment mit Photonen ist eine praktische Möglichkeit, die Überlagerung zu demonstrieren, weil wir die Anzahl der Gitter auf lediglich zwei begrenzen können: eins rechts und eins links. Die Wellenfunktion geht durch beide Öffnungen. Wir sagen, das Photon befinde sich in einer Überlagerung beider Zustände – links und rechts –, bis wir seine Poisition messen und es dann auf Zufallsbasis einen Pfad wählt.

Aber jetzt geschieht etwas Seltsames: Wenn Sie versuchen nachzuschauen, welchen Pfad das Photon «wirklich» nahm, indem Sie Ihr Experiment so anordnen, dass Sie zwischen zwei Pfaden unterscheiden können, verschwinden Überlagerung und Interferenzmuster. Die Wissenschaftler sagen dann manchmal, der Messvorgang lasse die Wellenfunktion «zusammenbrechen». Im Grunde ist es so: Wenn Sie ein Teilchen suchen, finden Sie es entweder an dem einen oder an einem anderen Ort. Wenn Sie nicht hinschauen, nimmt es alle möglichen Wege, die alle zu der Wahrscheinlichkeit beitragen, dass es hier oder dort landen wird.

Das menschliche Eingreifen hat in Wirklichkeit allerdings nichts damit zu tun. Befindet sich etwas in einer Überlagerung, dann heißt das nur, dass es kurzfristig von seiner Umgebung isoliert ist. Sobald es von einem anderen Teilchen angestoßen wird, verschwindet die Überlagerung.

Grenzen des Wissens

Mit der Überlagerung ließe sich ein wirklich leistungsstarker Computer bauen. Normale Compter arbeiten mit Nullen und Einsen. Aber in einem sogenannten Quantencomputer befänden sich die Atome in einer Überlagerung zweier Zustände, die faktisch als 1 und 0 gleichzeitig auftreten. Wenn viele Atome so angeordnet sind und gemeinsam funktionieren, könnte ein Quantencomputer Probleme lösen, die heute noch als schwer lösbar gelten, wie beispielsweise das Knacken von Geheimcodes oder die Simulation der Funktionsweise von Materialien.

Fakten zum Angeben

- Ein Bose-Einstein-Kondensat ist eine fast auf den absoluten Nullpunkt abgekühlte Gaswolke, sodass alle Gasatome dieselbe Überlagerung haben, was sie damit quasi zu einem einzigen großen Atom macht.
- Wissenschaftler haben darüber nachgedacht, ob ein Objekt von der Größe einer Katze in einen Überlagerungszustand treten könnte – hier handelt es sich natürlich um Schrödingers berühmt-berüchtigte Katze, benannt nach dem österreichischen Physiker Erwin Schrödinger. Aber eine Katze besteht aus lauter Teilchen, die zusammenstoßen, sodass sie sich nicht alle in einem riesigen Überlagerungszustand befinden können.
- Aber falls eine Wellenfunktion im Wald zusammenbricht und niemand da ist, um sie zu messen … Ach, vergessen Sie's.

DAS UNBESTIMMTHEITSPRINZIP

Basics

Die Quantenmechanik schränkt unser Wissen über ein Teilchen drastisch ein. Immer wenn Sie glauben, Sie hätten die Identität des Teilchens ermittelt, findet es eine Möglichkeit herauszuschlüpfen.

Nehmen wir an, Sie wollten ein Elektron auf kleinem Raum festhalten, damit Sie seine Position ziemlich genau feststellen können. Wenn Sie seinen Impuls wiederholt messen, wäre es überall zu finden. Es hat den Anschein, als seien die Teilchen klaustrophobisch. Auf kleine Flächen beschränkt, fangen sie an, wie verrückt die Wände hochzuklettern, um zu entkommen. Je stärker man ein Teilchen einengt, umso heftiger wird es umherspringen.

Das ist die Bedeutung des berühmten Heisenberg'schen Unbestimmtheitsprinzips, benannt nach dem deutschen Physiker Werner Heisenberg. Es besagt, dass kein Experiment sowohl die Position als auch den Impuls eines Teilchens genau bestimmen kann.

Hat demnach ein Teilchen zwar sowohl eine Position als auch einen Impuls, aber wir können nur jeweils eines auf einmal messen? Wissenschaftler glauben das nicht. Misst man eine Eigenschaft, verschwimmt die andere, und je genauer man die erste misst, desto unschärfer wird die zweite. Diese Teilchen scheinen geistesabwesenden Eierköpfen zu ähneln, die sich nur mit einer Sache auf einmal beschäftigen können.

Grenzen des Wissens

Das Unbestimmtheitsprinzip – auch Unschärferelation genannt – trifft nicht nur auf Position und Impuls, sondern ebenso auf Energie und Zeit zu. Forscher können Laserlicht in kurzzeitige Pulse aufspalten. Aber wenn sie das tun, verlieren sie die Kontrolle über die Energiemenge in jedem Puls. Sie beginnen mit Laserlicht einer äußerst genauen Energie, die einer bestimmten Frequenz oder Farbe entspricht. Die Farbe des Pulses wird dabei verschmiert. Es ist, als könnte das Universum mit der Energie nicht Schritt halten, wenn etwas schnell geschieht.

Fakten zum Angeben

- Das Unbestimmtheitsprinzip gestattet den Teilchen, Orten zu entkommen, an denen sie sonst festgehalten würden. Beim radioaktiven Zerfall gelangen Alphateilchen durch Tunnel aus dem Kern heraus, auch wenn ihre Energie eigentlich nicht ausreichen sollte, um ausbrechen zu können.
- Im Star Trek-Universum funktionieren die Transporter aufgrund einer Technik, die Heisenberg-Kompensator genannt wird. Der Kompensator entfernt die Quantenunbestimmtheit der zu teleportierenden Atome.

VERSCHRÄNKUNG

Basics

Der Zufallsaspekt der Quantenmechanik ist schon recht merkwürdig. Aber damit nicht genug. Den Quantenregeln zufolge kann das Verhalten eines Teilchens auf dieser Seite des Universums das eines zweiten Teilchens in einer fernen Region des Universums bestimmen, und zwar unverzüglich, ohne dass ein Signal zwischen den beiden unterwegs sein muss.

Diese Quantenverbindung wird Verschränkung genannt, und Einstein kam damit nicht zurecht. Er sprach von einer «spukhaften Fernwirkung» und glaubte, es sei ein Zeichen dafür, dass die Quantenmechanik nicht das letzte Wort des Universums sei. Inzwischen haben die Forscher es akzeptiert, auch wenn sie es nicht verstehen.

Teilchen verschränken sich, wenn sie im selben Prozess entstehen, wie etwa in speziellen Kristallen, die ein Photon in zwei Photonen mit niedrigerer Energie aufspalten. Wenn Forscher eine Menge Photonenpaare produzieren und die Polarisierung eines jeden Photons messen (d.h., wie es im Raum ausgerichtet ist), erhalten sie Zufallsergebnisse von einem Paar zum anderen.

Aber sie werden auch feststellen, dass die Messungen für jedes Paar stets in besonderer Weise zueinander in Beziehung stehen. Ist ein Photon des Paares vertikal polarisiert, wird das andere horizontal ausgerichtet sein. Es erinnert an die Punkte in einem Stereogramm (Raumbild). Für sich allein betrachtet, erkennt man in den Punkten nur eine Zufallsverteilung. Konzentriert man sich aber mit jedem Auge auf eine andere Anordnung von Punkten, dann entsteht ein Bild.

Grenzen des Wissens

Wissenschaftler haben die Verschränkung benutzt, um eine Art Teleportation zu erschaffen. Zwar können sie Materie nicht buchstäblich auflösen und an einem anderen Ort wiederauftauchen lassen. Aber sie können die nächstbeste Form davon verwirklichen. Forscher haben also die Verschränkung benutzt, um den Quantenzustand eines Lichtstrahls auf eine Wolke aus Atomen zu «teleportieren» oder zu übertragen. Dieser Vorgang könnte in einem Quantencomputer nützlich sein. Rechnen Sie aber nicht damit, schon demnächst von Scotty hochgebeamt zu werden. Teleportation funktioniert nur für Dinge, die in einem schönen, ordentlichen Quantenzustand sind, nicht aber für chaotische Lebewesen.

Fakten zum Angeben

- Man kann die Verschränkung benutzen, um Geheimcodes zu senden. Sollte ein Lauscher versuchen, die Übertragung abzuhören, wird er die Verschränkung stören und sich dadurch zu erkennen geben.
- 2007 übermittelten Forscher verschränkte Photonen zwischen den Kanarischen Inseln La Palma und Teneriffa vor der Küste Marokkos 143 Kilometer weit durch die Luft. Der nächste Plan,womöglich schon 2014: verschränktes Licht viele tausend Kilometer von der Erde zur Internationalen Raumstation zu schicken und zurück zur Erde springen zu lassen.

QUANTENUNWIRKLICHKEIT

Basics

Vielleicht fragen Sie sich jetzt, ob die Seltsamkeit der Quantenmechanik Realität ist oder ob wir einfach nur keine andere Erklärung zur Hand haben, die besser mit unserem Alltagsverständnis der Welt übereinstimmt. Die Quantentheorie hat uns überzeugt, dass Teilchen keine wahren Eigenschaften wie Position und Impuls haben und dass die Verschränkung eine verzögerungsfreie Verbindung darstellt.

Aber vielleicht hat ein Teilchen echte Eigenschaften, die in unserem Experiment irgendwie nicht hervortreten, sodass bei der Entstehung eines Paars verschränkter Teilchen womöglich jeder Partner des Paars Anweisungen erhält, die ihm sagen, wie er jeweils auf die unterschiedlichen Messungen reagieren soll. Die beiden Teilchen erhielten demnach einander ergänzende Anweisungen, sodass keine verzögerungsfreie Verbindung zwischen den beiden nötig wäre. Jedes Teilchen trifft auf einen Detektor und handelt nach den Anweisungen, die es erhielt – und das war's dann. Diese Vorstellung wird lokaler Realismus genannt.

Der irische Physiker John Bell erfand ein Experiment, das zwischen den beiden Möglichkeiten unterscheiden konnte. Bei diesem als Bell-Test bekannt gewordenen Versuch wird jeder Partner des Paars verschränkter Teilchen, die normalerweise Photonen sind, in einen separaten Detektor geleitet. Bei den Photonen misst der Detektor die räumliche Orientierung oder die Polarisierung des elektrischen Felds eines jeden Photons.

Entweder stimmt die Polarisierung überein oder nicht. Falls der lokale Realismus die richtige Auffassung sein sollte, dürften die Polarisierungen nicht länger als einen bestimmten prozentualen Anteil der Zeit andauern. Aber sie stimmen tatsächlich dauerhaft überein, was wiederholte Versuche gezeigt haben.

Grenzen des Wissens

Die Verschränkung scheint nicht nur den Geist, sondern auch den Buchstaben von Einsteins spezieller Relativitätstheorie zu verletzen, die besagt, nichts sei schneller als das Licht. Aber um zu bestätigen, dass eine Verschränkung stattgefunden hat, müssen die Forscher die Mitteilungen beider Partner des verschränkten Paars vergleichen. Und das kann nicht schneller als mit Lichtgeschwindigkeit geschehen.

Für alle, die glauben, die Quantenmechanik werde ewig eine Unannehmlichkeit bleiben, könnte sich eine Alternative als ein besserer Lösungsansatz erweisen. Es wäre der Versuch, zu verstehen, wie die verschränkten Teilchen Raum und Zeit sehen. Vielleicht weist ja die Verschränkung auf eine tiefer reichende Theorie des Universums hin.

Fakten zum Angeben

- *In einem Experiment von 2006 fanden die Forscher heraus, dass die Verschränkung nicht wirklich augenblicklich geschieht, sie funktioniert mit Geschwindigkeiten, die mindestens zehntausend Mal schneller als das Licht sind.*
- *Eine etwas elegantere Version des Bell-Tests besteht darin, drei Photonen zu erzeugen, die alle miteinander verschränkt sind. In dieser Version bedarf es nur einiger weniger Messungen, um zu bestätigen, dass die Quantenmechanik stimmt.*

KAPITEL VIER

BEWEGUNG, RAUM UND ZEIT

MASSE UND TRÄGHEIT

Basics

In der Schule erfährt man alles über Newtons Bewegungsgesetze, die nach dem großen englischen Wissenschaftler des 17. Jahrhunderts benannt sind. Sie beschreiben das Verhalten sich bewegender Objekte in der Alltagswelt. Das betrifft alles von Billard- und Gewehrkugeln bis zum Sprint-Olympiasieger Usain Bolt.

Newtons erstes berühmtes Gesetz behauptet, dass ein sich bewegendes Objekt in Bewegung bleibt oder dass es, sollte es ruhen, in Ruhe bleibt, es sei denn, eine äußere Kraft wirkt auf das Objekt ein. Tritt man auf der Erde gegen einen Ball, stößt er in die Moleküle von Luft und Erde, was die Kräfte Luftwiderstand beziehungsweise Reibung ins Spiel bringt, die ihn schließlich zur Ruhe bringen.

Wenn Sie jedoch im Weltall gegen einen Ball treten, würde er mit gleichbleibender Geschwindigkeit ewig weiterfliegen oder zumindest so lange, bis er gegen einen Asteroiden oder etwas Ähnliches stieße. Er baucht absolut keine Hilfe, um sich fortzubewegen. Wir sagen dann, der Ball besitzt Trägheit. Dieses Konzept ist als Erstes Newton'sches Gesetz bekannt.

Trägheit ist proportional zur Masse. Je mehr Masse ein Objekt hat, umso größeren Anschub braucht es, um in Gang zu kommen. Gewicht ist nicht dasselbe wie Masse. Gewicht ist ein Produkt der Erdgravitation. Objekte im Weltall mögen kein Gewicht haben, aber ihre Trägheit wirkt sich sehr wohl aus. Deshalb gehen Sie lieber in Deckung, wenn Sie je ein Astronaut sein sollten und eine Bowlingkugel auf sich zukommen sehen. Denken Sie nicht zu lange darüber nach, wie sie dort hingekommen sein könnte.

Grenzen des Wissens

Nach vielen hundert Jahren sind die Wissenschaftler schließlich davon überzeugt, den Ursprung von Trägheit und Masse zu kennen. Halten Sie sich fest. Sie glauben, es gebe ein Feld, ähnlich wie ein elektrisches Feld oder ein Magnetfeld, das den ganzen Raum ausfüllt und Wackelpudding ähnelt, durch den sich subatomare Teilchen kämpfen müssen. Es wird Higgsfeld genannt. Manchen Teilchen fällt es leichter als anderen, sich hindurchzubewegen, als hätten sie Skier untergeschnallt oder sagen wir lieber Wackelpuddingschuhe. Warum also fühlen manche Teilchen diesen Glibber stärker als andere? Hey, keine weiteren Fragen bitte. Niemand weiß es genau.

Fakten zum Angeben

- Auf Youtube gibt es ein lustiges Video, das die Trägheit in Bewegung zeigt: Ein mit Einkaufswagen voll beladener Sattelschlepper an der Laderampe eines Supermarkts fährt los, bevor die Arbeiter die Hintertür des LKW geschlossen haben, sodass etliche Dutzend Einkaufswagen herausfallen.
- Der berühmte italienische Wissenschaftler Galileo Galilei leitete Newtons Gesetz zuerst ab, indem er eine Kugel ein paar glatte schiefe Ebenen hinunterrollen ließ.
- Masse wird in Kilogramm gemessen. Ein Kilogramm wird als die Masse eines hochglanzpolierten Platin-Iridium-Barrens definiert, von denen sieben Exemplare im Internationalen Büro für Maß und Gewicht in Sèvres bei Paris stehen.

KRÄFTE UND BESCHLEUNIGUNG

Basics

Eine Kraft ist etwas, das Beschleunigung verursacht, etwa ein Geschwindigkeits- oder Richtungswechsel. Newtons zweites Gesetz besagt, für ein bestimmtes Objekt, sagen wir einen Fußball, werde mehr Kraft benötigt, um ihn auf eine höhere Geschwindigkeit zu beschleunigen. Damit also ein Fußball eine längere Strecke zurücklegt, muss man ihm eine größere oder kontinuierliche Kraft zuführen – das heißt, man muss ihn praktisch härter treten. In gleicher Weise gilt: Wirft man eine Murmel und eine Bowlingkugel mit derselben Kraft, nimmt die Murmel mehr Geschwindigkeit auf.

Auf der Erde zieht die Gravitation alles mit derselben Kraft herunter. Wenn Sie in die Luft springen, fallen Sie mit der Geschwindigkeit von 9,75 Metern pro Sekunde. Wenn Sie also aus einem Flugzeug fallen, wird mit jeder Sekunde, die Sie fallen, Ihre Geschwindigkeit um knapp 10 Meter pro Sekunde zunehmen.

Newtons drittes Gesetz besagt: Falls eine in eine Richtung gehende Kraft auf Widerstand trifft, muss es eine zweite gleich starke Kraft geben, die in die entgegengesetzte Richtung wirkt. Nehmen wir eine Fahrt im Auto. Wenn Sie aufs Gaspedal drücken, widersteht die Trägheit Ihres Körpers der Bewegungsveränderung. Sie werden zurück in den Sitz gedrückt, der mit gleicher Kraft zurückdrückt. Sonst wären Sie oder der Sitz in Bewegung. Das ist Newtons drittes Gesetz.

Grenzen des Wissens

Sie wissen nie, wann Sie einmal einen Beschleunigungsmesser brauchen werden. Sie werden normalerweise in Raketen und Weltraumteleskopen eingesetzt, um die richtige Flugbahn und Orientierung beizubehalten. Aber jetzt tauchen sie zunehmend in Geräten des täglichen Gebrauchs auf. Sie werden in Notebooks eingesetzt, um Stürze wahrzunehmen; in iPhones, damit die Geräte wissen, wann Sie sie umgedreht haben; und im Wii Controller von Nintendo, um zuzuschlagen, aufzuschlitzen und aufzuschlagen. In Italien haben Lehrer den Wii Controller ins Klassenzimmer eingeführt, um einfache Experimente durchzuführen wie das Messen der Gravitationsbeschleunigung. Wir hoffen, sie funktionieren in wissenschaftlichen Experimenten ein wenig besser als bei der Umsetzung subtiler Drehungen des Handgelenks beim Bowling.

Fakten zum Angeben

- Newtons drittes Gesetz sagt uns, dass die Kraft, die Moleküle zusammenhält, wesentlich stärker ist als die Gravitation, sonst würden wir nämlich durch den Fußboden krachen.
- Beschleunigungen werden in Vielfachen der Gravitations- oder g-Kräfte gemessen. Wenn Sie niesen, ziehen sie fast mit vier g.
- Der menschliche Körper kann 16 g fast eine Minute lang aushalten. Der Rennfahrer Jeff Gordon soll angeblich 64 g draufgehabt haben, als er seinen Wagen 2006 im Pennsylvania-500-Rennen zu Schrott fuhr.

IMPULS

Basics

Newtons Bewegungsgesetze gelten nicht für subatomare Teilchen und für Objekte, die sich mit annähernder Lichtgeschwindigkeit fortbewegen. Die Quantenmechanik und die spezielle Relativitätstheorie mussten formuliert werden, um die Bewegung in solchen Situationen zu beschreiben. Diese umfassenderen Theorien haben nichts mit Kräften, sondern mit einem Phänomen namens Impuls zu tun.

Sobald sich ein Objekt bewegt, sagen wir, es habe an Impuls gewonnen. Im Grunde ist es die Trägheit, die in die Richtung zeigt, in die sich das Objekt bewegt. Je mehr Masse ein Objekt besitzt und je schneller es unterwegs ist, umso mehr Impuls hat es. Und je länger eine Kraft auf etwas einwirkt, umso mehr Impuls nimmt es auf. Deshalb sollte man beim Baseball immer voll durchziehen, um mit dem Schläger den Kontakt zum Ball bis zum letzten Augenblick zu verlängern.

Wie es bei der Energie der Fall ist, muss auch der Impuls von irgendwoher kommen. Er bleibt stets erhalten. Deshalb gibt es einen Rückstoß, wenn man eine Waffe abfeuert. Pistole und Kugel fangen mit null Gesamtimpuls an. Sie können immer noch null Gesamtimpuls haben, wenn die Kugel abgefeuert wird, falls der in die eine Richtung zielende Impuls der Kugel den in die andere Richtung zielenden Impuls der Pistole aufhebt.

Es gibt auch einen Drehimpuls, den Sie schon beim Eiskunstlauf in Aktion gesehen haben. Wegen der Erhaltung des Drehimpulses dreht sich ein Eiskunstläufer schneller, wenn er seine Arme anzieht. Ein schnell sich drehendes, kompaktes Objekt hat denselben Drehimpuls wie ein langsamer sich drehendes ausgedehntes Objekt derselben Masse.

Grenzen des Wissens

Astronomen erleben ständig die Wirkung der Drehimpulserhaltung im Weltall. Offenbar ist er der Antrieb hinter Plasmajets, die aus jungen Sternen und dichten stellaren Objekten wie Pulsaren und Schwarzen Löchern sprühen. Diese dichten Kameraden ziehen Scheiben rotierenden Gases und Staubs hinter sich her. Häufig beginnt der innere Teil der Scheibe den Drehimpuls zu verlieren, wenn er auf den Stern oder auf ein anderes Objekt fällt. Der Drehimpuls muss ja irgendwo bleiben. Ein praktisches Ventil sind zwei Hochgeschwindigkeitsjets von zwei Enden des Sterns, die einen großen Impuls ohne viel Masse erzeugen.

Fakten zum Angeben

- *Würden Sie glauben, dass Licht einen Impuls hat? Forscher arbeiten an sogenannten Sonnensegeln, die sich diesen Impuls zunutze machen, um ein Raumschiff mit Sonnenlicht oder Laserstrahlen anzutreiben.*
- *Auch in bestimmten Videospielen könnten Sie bereits die Erhaltung des Impulses am Werk gesehen haben. Da stoßen Sie mit Hilfe eines Steuerknüppels auf beiden Seiten des Bildschirms einen kleinen Ball hin und her. Wenn der Knüppel beim Schlagen des Balls unbewegt ist, ändert sich die Richtung nicht.*

GRAVITATION

Basics

Die Gravitation ist die Kraft, die uns am Boden hält, die Kugelform der Erde garantiert und dafür sorgt, dass die Planeten um die Sonne kreisen. 1687 veröffentlichte Isaac Newton sein Gesetz der universellen Gravitation. Es besagt, dass die Gravitationskraft zwischen zwei Objekten von drei Faktoren abhängt: von ihren jeweiligen Massen, von der Entfernung zwischen ihnen und von der Stärke der Gravitation selbst.

Newtons Gesetz erklärte sowohl die Umlaufbahnen der Planeten als auch den Grund, warum eine Bowlingkugel und ein Golfball trotz ihrer unterschiedlichen Massen mit der gleichen Geschwindigkeit fallen. Die Kraft zwischen Erde und Bowlingkugel ist stärker als die Kraft zwischen Erde und Golfball. Deshalb fallen beide mit derselben Geschwindigkeit.

Newtons Gesetz sagt auch, dass alle Massen einander anziehen, und solange die Objekte weit genug voneinander entfernt sind, hängt die Stärke der Kraft von der Entfernung der Massen im Quadrat ab. Verdoppelt sich der Abstand zwischen den Massen, beträgt die Kraft nur noch ein Viertel. Auf der Erde macht die Entfernung zwischen den Massen nicht viel aus, weil alles im Vergleich zur Erde ziemlich klein ist.

Nur der Mond ist im Vergleich zur Erde nicht klein. Die Gravitationsanziehung zwischen Erde und Mond ist für Ebbe und Flut verantwortlich. Der Mond zieht das Wasser, das ihm zugewandt ist, näher an sich heran. Mit anderen Worten: Die Flut neigt dazu, dem Mond zu folgen.

Grenzen des Wissens

Die Gravitation ist für die Struktur und die Form des Universums in seiner Ganzheit verantwortlich. Deshalb müsste sie doch eigentlich eine recht starke Kraft sein, nicht wahr? Die Antwort lautet: Ja und nein. Im atomaren Maßstab ist sie recht schwach. Bis in die 1990er Jahre hinein konnten die Wissenschaftler nicht die Gravitationskraft zwischen zwei Objekten messen, die nur wenige Millimeter oder noch weniger voneinander getrennt waren. Die Gravitation ist nämlich so schwach, dass die entsprechenden Experimente einfach nicht empfindlich genug waren. (Permanente Tests messen inzwischen die Stärke der Gravitation bei weitaus kürzeren Entfernungen.)

Doch im Gegensatz zur Kraft zwischen geladenen Teilchen ist die Gravitation kumulativ, weil alle Objekte durch die Gravitationsanziehung miteinander verbunden sind. Mit der Zeit bricht sogar eine im Weltall treibende Gaswolke unter ihrer eigenen Gravitation zusammen, bildet Sterne und Planeten, Galaxien und sogar Galaxienhaufen.

Fakten zum Angeben

- Die Gravitation schwankt auf der Erde von Ort zu Ort, abhängig von Stärke und Dichte der Erdkruste. Die NASA publizierte 2003 eine Karte dieser Abweichungen, die vom Satelliten GRACE gemessen wurden.
- Die Gravitation eines kugelähnlichen Sphäroiden wie der Erde nimmt ab, je tiefer man gräbt. Wenn Sie zum Erdkern vordringen könnten, würden Sie feststellen, dass Ihr Gewicht allmählich abnähme und im Mittelpunkt des Planeten null erreichen würde.

UMLAUFBEWEGUNG

Basics

Als Newton sein Gravitationsgesetz entwickelte, bestand seine große Erkenntnis darin, dass es dieselbe Kraft ist, die sowohl den Apfel vom Baum fallen lässt als auch die Planeten auf ihren Umlaufbahnen hält.

Die Sonne ist vergleichbar mit einem Kind, das einen Eimer Wasser durch die Luft schleudert. Der Eimer bewegt sich in einem Bogen, aber die auf ihn einwirkende Kraft stößt den Eimer nicht zur Seite. Sie zieht ihn zum Kind hin. Deshalb wird das Wasser gegen den Boden des Eimers gedrückt. Das ist Newtons altes Gesetz der gleichen, aber entgegengesetzten Kräfte. Die nach innen wirkende Kraft wird von einer gleichen, aber entgegengesetzten Kraft ausgeglichen.

Mit den Planeten verhält es sich genauso. Die Gravitation zieht sie zur Sonne hin. Um das zu verstehen, stellen wir uns vor, das Kind sei jetzt der nordische Gott Thor, der seinen getreuen Hammer Mjöllnir schleudert, indem er ihn herumwirbelt und dann loslässt. Je kräftiger Thor den Hammer wirft, umso weiter wird er fliegen, bevor die Gravitation ihn auf die Erde zurückbringt.

Aber da die Erde gekrümmt ist, müsste Thor seinen Mjöllnir nur mit der richtigen Geschwindigkeit werfen, und er würde mit demselben Tempo auf die Erde zurückfallen, wie die Erde vor ihm herunterfällt. Dann ist Mjöllnir in eine Umlaufbahn eingetreten. Mit den Planeten geschieht dasselbe. Jeder einzelne fällt mit einer Geschwindigkeit in Richtung Sonne, die ihn auf der Umlaufbahn hält.

Grenzen des Wissens

Mit seiner Erkenntnis war Newton in der Lage, die drei Gesetze der Planetenbewegung zu erklären, die der Astronom Johannes Kepler 1605 aufgestellt hatte. Kepler hatte entdeckt, dass jeder Planet eine Ellipse beschreibt und sich umso schneller bewegt, je näher er der Sonne kommt, wobei seine Umlaufzeit sich nach der Größe der Ellipse richtet.

Keplers Gesetze sind auch heute noch die Richtschnur für die Astronomen, wenn sie ferne Sterne und Planeten untersuchen. Planeten, die andere Sterne umkreisen, sind so weit entfernt, dass wir sie nicht direkt sehen können. Aber die Wissenschaftler haben einige Tricks parat, um herauszufinden, wie lange diese Planeten für die Umrundung ihrer Sterne brauchen. Und mit Hilfe des dritten Kepler'schen Gesetzes können sie dann die Entfernung zwischen Planet und Stern bestimmen.

Fakten zum Angeben

- Vor Newton und Galilei glaubten alle, die Planeten bewegten sich, weil sie von Engeln angeschoben wurden.
- Die Geschwindigkeit, mit der Thor seinen Hammer werfen müsste, um ihn in die Umlaufbahn zu bringen, hängt lediglich von der Masse der Erde ab. Die sogenannte Fluchtgeschwindigkeit der Erde beträgt 11,2 Kilometer pro Sekunde. Um von der Erde aus der Gravitation der Sonne zu entkommen, müsste Thor Mjöllnir mit einer Geschwindigkeit von 41,6 Kilometern pro Sekunde fortschleudern.
- Forscher haben den Bau eines Weltraumlifts vorgeschlagen: ein Seil, das vom Erdboden aus ins Weltall reicht und von einem Gegengewicht gehalten wird, das 35 200 Kilometer über der Erde seine Bahn zieht.

SPEZIELLE RELATIVITÄT

Basics

Wir müssen auf die Theorie der speziellen Relativität zurückgreifen, wenn wir verstehen wollen, was geschieht, wenn Objekte sich der Lichtgeschwindigkeit annähern. Nehmen wir an, Sie befänden sich auf dem *Kampfstern Galactica* (einem Kampfraumschiff) und versuchten, Raketen mit Atomsprengköpfen auszuweichen, die von einem Basisstern der Zylonen auf Sie abgefeuert wurden. Ihr Hyperraumantrieb ist kaputt, deshalb bedienen Sie die Steuerraketen. Die Geschwindigkeit der eintreffenden Atomsprengköpfe hat sich, relativ zur *Galactica*, verlangsamt, was Ihren Ingenieuren ein paar wertvolle Sekunden verschafft, den Hyperraumantrieb wieder in Gang zu bringen.

Sie wären nicht mit einem blauen Auge davongekommen, wenn die Zylonen es geschafft hätten, ihre neue Laserwaffe zu bauen, die in der Lage gewesen wäre, selbst in ein Schiff der Kampfsternklasse ein Loch zu schmelzen. Albert Einstein kannte zwar Admiral Adama von Adam nicht, aber die wesentliche Erkenntnis seiner speziellen Relativitätstheorie träfe dennoch zu. Nachdem Einstein über Maxwells Elektromagnetismus-Gleichungen nachgedacht hatte, erkannte er, dass die Lichtgeschwindigkeit immer und überall gleich groß sein muss, ganz gleich, wie schnell man sich relativ zur Lichtquelle bewegt.

Maxwells Gleichungen berücksichtigen nicht die Geschwindigkeit einer Lichtquelle. Die Lichtgeschwindigkeit ist nun einmal die Lichtgeschwindigkeit. Für die Crew der *Galactica* bedeutet dies, dass es für sie schwieriger wäre, Zeit zu gewinnen, nachdem die Zylonen ihren Todesstrahl abgefeuert hätten, weil der sich mit Lichtgeschwindigkeit auf die *Galactica* zubewegen würde.

Grenzen des Wissens

Angenommen, die Zylonen besäßen einen funktionierenden Laser und die *Galactica* hätte einen guten Vorsprung. Sollte sich das Raumschiff schnell von den Zylonen entfernen können – sagen wir 10 bis 20 Prozent der Lichtgeschwindigkeit –, bevor der Laserstrahl es träfe, würde der Laser zwar immer noch nicht langsamer werden, aber er verlöre dabei einen Teil seiner Energie. Wenn man sich schnell von einer Lichtquelle fortbewegt, dehnen sich die Lichtwellen nämlich aus, was man den relativistischen Dopplereffekt nennt. Der reguläre Dopplereffekt tritt auf, wenn ein Krankenwagen mit hohem Sirenenton auf Sie zu fährt, der tiefer wird, wenn das Fahrzeug an Ihnen vorbeigefahren ist und sich entfernt. Rotes Licht hat eine größere Wellenlänge als blaues Licht. Deshalb sagen wir, das Licht sei rotverschoben.

Fakten zum Angeben

- *In Einsteins Tagen glaubten einige Forscher, ein unsichtbarer «Äther» müsse die Lichtwellen auf die gleiche Art und Weise tragen, wie das Wasser Meereswellen transportiert. Wenn die Erde sich durch den Äther fortbewegt – so die Vermutung –, nahm die Lichtgeschwindigkeit zu und wurde geringer – wie ein Hochseeschiff, das mit oder gegen die Wellen schwimmt. Aber in den Experimenten konnte man die vorhergesagte Veränderung der Lichtgeschwindigkeit nicht feststellen.*
- *Relativität ist ein irreführender Name. Man geht von der grundlegenden Vorstellung aus, dass alle Naturgesetze gleich sind, egal wie schnell man sich relativ zum Rest des Universums bewegt.*

ZEITDILATATION

Basics

Kampfstern Galactica ist schon ziemlich cool, aber es geht noch besser. Alles, was Sie über die erstaunlichen Folgen der speziellen Relativität wissen müssen, können Sie aus dem Disneyfilm *Der Flug des Navigators* erfahren. In diesem Streifen von 1986 («Klassiker» zu sagen, wäre wohl etwas übertrieben) wird der zwölfjährige David von einem außerirdischen Raumschiff entführt und fliegt mit hoher Geschwindigkeit ins Weltall. Als David zurückkehrt, sind auf der Erde zwölf Jahre vergangen, aber er ist nur ein paar Stunden älter geworden.

Das ist im Wesentlichen das Phänomen der Zeitdilatation, die Verlangsamung der Zeit bei hohen Geschwindigkeiten. Die spezielle Relativität schreibt vor, dass die Zeit für etwas, das sich relativ zu Ihnen sehr schnell bewegt, langsamer vergeht als für Sie. Dabei ist es egal, ob es sich um ein Teilchen, eine Stoppuhr oder um eine Galaxie handelt. Hätte Davids Familie ihn auf seiner Reise durch ein Teleskop beobachten können, wäre es ihnen vorgekommen, als bewegte er sich in Zeitlupe voran. Je größer die Geschwindigkeit ist, umso langsamer wird die Zeit.

Mit der Zeitdilatation geht eine Verzerrung des Raums einher, die man Längenkontraktion nennt. Hätte Davids Familie beobachten können, wie das Raumschiff an der Erde vorbeisauste, wäre es ihnen in seiner Bewegungsrichtung flach wie ein Pfannkuchen vorgekommen. David selbst hätte wie ein Strichmännchen ausgesehen. Eine Reise mit annähernder Lichtgeschwindigkeit hielte Sie also nicht nur jung, sondern auch dünn.

Grenzen des Wissens

Die spezielle Relativität kommt uns unheimlich vor, weil wir eben nicht regelmäßig in Raumschiffen mit annähernder Lichtgeschwindigkeit unterwegs sind. Wären jedoch solche Reisen ganz normal, würden wir uns an vorwärtsgerichtete Zeitreisen gewöhnen. Das muss auch die Sorge der prominenten Erbin Paris Hilton gewesen sein, die kürzlich einen Flug bei Virgin Enterprise Rocket buchte, ein Weltraumtourismus-Unternehmen. «Bei diesem ganzen Lichtjahrezeugs», sagte sie den Reportern, «frage ich mich, was passiert, wenn ich nach 10 000 Jahren zurückkomme und alle, die ich kenne, sind tot.» Damit diese Befürchtung wahr würde, müsste Virgin seine Rakete für einen zehnstündigen Flug auf 99,9999999 Prozent der Lichtgeschwindigkeit beschleunigen.

Fakten zum Angeben

- 1971 testeten Physiker die spezielle Relativität, indem sie ein Paar höchst genauer Atomuhren auf der Basis von Cäsiumatomen in Linienflugzeugen auf einen 45-stündigen Flug rund um die Welt schickten. Als die Zeit mit Uhren verglichen wurde, die auf der Erde geblieben waren, stellte man – wie vorhergesagt – fest, dass sie gegenüber den erdstationierten Uhren um einen kleinen Betrag nachgingen.
- Instabile, Myonen genannte Teilchen fliegen kontinuierlich durch die Erdatmosphäre (siehe den Abschnitt über kosmische Strahlen). Sie würden normalerweise nach 2,2 Mikrosekunden zerfallen, aber da sie sich mit 99,8 Prozent der Lichtgeschwindigkeit fortbewegen, existieren sie, nach Messungen erdgebundener Uhren, 35 Mikrosekunden lang, was genügt, um fast 10 Kilometer zurückzulegen.

MASSEENERGIE UND DIE ENDLICHE LICHTGESCHWINDIGKEIT

Basics

Der speziellen Relativitätstheorie zufolge kann kein Objekt, das Masse hat, je die Lichtgeschwindigkeit erreichen, geschweige denn überschreiten. Um den Grund zu verstehen, sollten wir jetzt Einsteins berühmte Formel $E = mc^2$ präsentieren, die wir bisher so dargestellt haben, als sei vollkommen klar, was die Austauschbarkeit von Masse und Energie tatsächlich bedeute.

Einsteins Gleichung besagt: Wann immer ein Objekt Masse gewinnt oder verliert, gewinnt oder verliert es auch eine relativ winzige Menge Energie und umgekehrt. Wenn Sie einen Felsbrocken einen Berg hochrollen, gewinnt er ein Gravitationspotenzial und daher auch ein kleines bisschen Masse. Wenn die Sonne Energie in Form von Licht abstrahlt, verliert sie Masse. Verstehen Sie das Prinzip?

Die Gleichung $E = mc^2$ bezieht sich nur auf die Energie, die in einem Objekt im Ruhezustand eingeschlossen ist. Das *m* in der Gleichung nennen wir die Ruhemasse eines Objekts. Um eine erkennbare Delle in der Ruhemasse zu verursachen, muss sich etwas bei der Energie hinreichend verändern. Die Gleichung behauptet, dass eine Veränderung der Ruhemasse der Veränderung der Energie geteilt durch c^2 entspricht – der Lichtgeschwindigkeit im Quadrat, was eine ziemlich große Zahl ist.

Aber der Energiebetrag, den Sie in einem Objekt messen, ändert sich, wenn sich das Objekt relativ zu Ihnen fortbewegt.

Die spezielle Relativität schreibt vor, dass die von einem stationären Beobachter gemessene Energie eines Raumschiffs, das sich der Lichtgeschwindigkeit annähert, unendlich wird. Um also die Lichtgeschwindigkeit zu erreichen, müsste sich die Energie auf einen unendlichen Wert zubewegen, was nicht möglich ist.

Grenzen des Wissens

Wie nahe können wir also der Lichtgeschwindigkeit kommen? Es hängt von der Masse ab, die dabei im Spiel ist. Teilchenbeschleuniger benutzen starke Magneten, um Protonen und Elektronen auf mehr als 99,99 Prozent Lichtgeschwindigkeit zu beschleunigen. Wir könnten 10 bis 20 Prozent Lichtgeschwindigkeit in einem Raumschiff erreichen, das von Kernexplosionen angetrieben wird. Ein Sonnensegel, angetrieben durch den Impuls eines Laserstrahls, könnte sich viel schneller fortbewegen, weil es keinen Treibstoff brauchte, aber es könnte auch keine Passagiere aufnehmen. Am besten für interstellare Reisen wären «Generationenschiffe», riesige Frachter, die Miniaturzivilisationen beherbergen, bis sie ihren Zielort erreichten.

Fakten zum Angeben

- *Könnte man die Masse eines Golfballs in reine Energie umwandeln, ließe sich eine 75-Watt-Birne fast zwei Millionen Jahre lang mit Strom versorgen.*
- *Manchmal reden sie bei Star Trek über «Tachyonen». Das sind hypothetische Teilchen, die sich schneller als das Licht fortbewegen, aber nie unter Lichtgeschwindigkeit abtauchen können, was eigentlich nicht untersagt ist. Aber es wird nicht klar, ob Tachyonen in unserer Welt existieren können.*

RAUMZEIT

Basics

Wegen der Zeitdilatation und der Längenkontraktion scheinen zwei Ereignisse, die aus einer bestimmten Perspektive offenbar gleichzeitig geschehen, aus einer anderen Perspektive zu verschiedenen Zeiten stattzufinden. Die spezielle Relativität teilt uns mit, wie man zwischen diesen Perspektiven vermittelt: indem man sie nämlich in die Raumzeit versetzt, die für alle gleich ist. Wir kennzeichnen ein Ereignis in der Raumzeit – die Explosion eines Sterns, eine Geburtstagsfeier – durch seinen Ort und durch den Zeitpunkt seines Geschehens, beurteilt aus der Perspektive jedes beliebigen Beobachters.

Die Raumzeit lässt sich mit einem Rosinenbrot vergleichen. Der Ruhezustand bedeutet, das Brot auf die übliche Weise in Scheiben zu schneiden. Die Länge des Brotlaibs ist wie die Zeit, während Breite und Höhe den Entfernungen in zwei Richtungen entsprechen. Eine Rosine ist ein Ereignis. Jede Scheibe ist eine Sekunde «dick» und enthält eine bestimmte Menge Rosinen, die gleichzeitigen Ereignissen entsprechen.

Bewegt sich jemand relativ zu Ihnen, dann ist es, als werde der Laib gedreht, bevor er in Scheiben geschnitten wird. Rosinen, die sich in einer einzelnen Ihrer Scheiben befanden, könnten jetzt zwischen zwei, drei oder mehreren Scheiben verteilt sein. Aber dank der Gleichungen der speziellen Relativität ist es egal, wie die Scheiben aufgeschnitten werden. Legt man sie alle zusammen, sind die Rosinen an denselben Orten.

Grenzen des Wissens

Obwohl Raum und Zeit jeweils relativ sind, ist es die Raumzeit nicht. Sie ist für jeden im Universum gleich. Entfernte Galaxien bewegen sich mit hoher Geschwindigkeit von uns fort, sodass man denken könnte, Außerirdische in einer fernen Galaxie würden eine andere Meinung haben, wenn es um die Zeit geht, die seit dem Urknall verstrichen ist. Aber wie sich herausstellt, bewegen sich Galaxien nicht durch die Raumzeit von uns fort. Sie werden mit der sich ausdehnenden Raumzeit fortgetragen. Wir werden später darauf zurückkommen, aber für den Augenblick bedeutet es einfach nur, dass alle übereinstimmen, wenn es um das Alter des Universums geht. Es ist 13,7 Milliarden Jahre alt.

Fakten zum Angeben

- *Wir bewegen uns stets durch die Raumzeit. Selbst wenn wir uns im Ruhezustand befinden, bewegen wir uns mit unserer Umgebung durch die Zeit. Der Pfad, den ein Objekt in der Raumzeit hinterlässt, wird Weltlinie genannt. Die Weltlinie der Erde hat die Form einer Spirale.*
- *Es könnte zusätzliche Raumdimensionen geben, die so klein zusammengerollt sind, dass wir sie nicht sehen können. Sie wären wie kleine Nischen, die wir nur betreten könnten, wenn wir auf deren Größe schrumpfen könnten.*

ALLGEMEINE RELATIVITÄT

Basics

Die allgemeine Relativitätstheorie ist Einsteins Gravitationstheorie. Sie besagt, dass die Gravitation im Gegensatz zu anderen Kräften die Dinge nicht mit aller Gewalt gegen den Strich von Raum und Zeit bürstet. Die Gravitation funktioniert in der Raumzeit. Eigentlich ist sie selbst die Raumzeit. Einstein erkannte, dass massereiche Objekte wie die Sonne die Raumzeit genau genommen krümmen, vergleichbar mit der Krümmung, die eine Bowlingkugel auf einem Trampolin hinterlässt. Kleinere Objekte wie Planeten folgen dieser Krümmung ganz von selbst, etwa so wie es ein Tennisball tun würde, rollte man ihn der Bowlingkugel hinterher.

Einsteins Erkenntnis ergab sich aus dem Nachdenken über die Schwerelosigkeit des freien Falls. Eine Fallschirmspringerin fühlt während des freien Falls keine Schwerkraft. Wären ihre Augen zugebunden, könnte sie auch den Eindruck haben, frei im Weltraum zu schweben. Es ist eine Kraft nötig – hier in Form des Erdbodens –, um den freien Fall zu stoppen. Einstein beschloss, dass ein Fallschirmspringer einer geraden Linie durch die Raumzeit folgen müsse. Nun stellen Sie sich eine ganze Horde von Springern vor, die an unterschiedlichen Punkten über den ganzen Globus verteilt durch die Luft fallen. Ihre Wege fallen alle im Erdkern zusammen. Unser Planet muss dafür sorgen, dass «gerade» Linien in seinem Mittelpunkt aufeinandertreffen.

Der allgemeinen Relativität zufolge verlangsamt konzentrierte Masse die Zeit in ihrer Umgebung und verzerrt außerdem den Raum. Erreicht die Masse eine ausreichende Konzentration – ein Stern wie unsere Sonne wäre ein gutes Beispiel –, kann sie sogar an vorbeieilendem Licht zerren, wie die Schwerkraft an einem Auto, das versucht, an einem Steilufer entlang geradeaus zu fahren.

Grenzen des Wissens

Wenn zwei massereiche Objekte zusammenstoßen, beispielsweise ein Paar Schwarze Löcher, sagt die allgemeine Relativität voraus, dass sich die Raumzeit kräuselt wie die Wellen in einem Teich. Diese Wellen breiten sich mit Lichtgeschwindigkeit aus und bewirken zunächst eine Ausdehnung der Raumzeit in die eine Richtung und anschließend die Stauchung in die andere Richtung – wie bei einem Akkordeon. Um Gravitationswellen aufzuspüren, haben Wissenschaftler ein gewaltiges Experiment ersonnen, LIGO genannt. Es besteht aus zwei vier Kilometer langen Vakuumkammern, die mehr als 2880 Kilometer voneinander entfernt sind. Eine eintreffende Gravitationswelle würde das Laserlicht ablenken, das durch die vier Kilometer langen Röhren geschickt wird.

Fakten zum Angeben

- *Das GPS hat seine Genauigkeit allein der allgemeinen Relativitätstheorie zu verdanken. Wenn GPS-Satelliten die Erde umkreisen, verlangsamen Gravitationsabweichungen deren interne Uhren relativ zueinander. Man braucht Einsteins Theorie, um die Veränderungen zu korrigieren.*
- *Einstein wurde berühmt, nachdem Astronomen die allgemeine Relativität 1919 während einer totalen Sonnenfinsternis einem*

Test unterzogen. Sie stellten Positionsveränderungen von Sternen in der Nähe der Sonne fest, während diese über den Himmel zog, ein Zeichen, dass die Gravitation der Sonne das Licht in ihrer Umgebung krümmte.

KAPITEL FÜNF
DAS SONNENSYSTEM

SONNE

Basics

Sämtliche Objekte, von Planeten bis zu den bescheidensten Meteoren, kreisen um die große Kugel aus glühendem Gas, die täglich zwischen Sonnenaufgang und Sonnenuntergang sichtbar ist. Sie hat den Durchmesser von 109 Erdkugeln und macht 99,8 Prozent der Gesamtmasse im Sonnensystem aus. Die Gravitation zerquetscht den Kern der Sonne und erzeugt dadurch einen so enormen Druck, dass Wasserstoffkerne zu Helium verschmelzen und dabei Energie freisetzen, die den Kern auf eine Temperatur von fast 15 Millionen Grad Celsius aufheizt.

Bis die Strahlung sich zur Sonnenoberfläche vorgearbeitet hat, besitzt sie noch genügend Energie, um die Atome auf eine Temperatur von 5700 Grad Celsius aufzuheizen, was sie veranlasst, Licht abzustrahlen, das die Planeten, die Erde eingeschlossen, beleuchtet und erwärmt. Die Untersuchung des Lichts ergibt, dass die Atome dort zu 75 Prozent aus Wasserstoff, zu 24 Prozent aus Helium und zu etwa einem Prozent aus Spurenelementen bestehen, zu denen Eisen, Nickel, Sauerstoff, Silizium, Schwefel, Magnesium, Kohlenstoff, Kalzium und Chrom gehören.

Die Sonne ist eine Fusionsmaschine. In jeder Sekunde zerstampft sie 700 Millionen Tonnen Wasserstoff zu 695 Millionen Tonnen Helium. Klingt eindrucksvoll, aber das ist nur ein winziger Bruchteil der Erdmasse. In ihrer Lebenszeit von 4,6 Milliarden Jahren hat die Sonne erst 7,8 Prozent ihres Wasserstoffs verbrannt. Forscher vermuten, dass sie noch weitere fünf bis sechs Milliarden Jahre kochen wird.

Grenzen des Wissens

Die Sonne wird von einer Korona von mehreren Millionen Kilometern Umfang umrundet. Sie ist ein Halo geladener Teilchen, die vom kraftvollen Magnetfeld der Sonne herausgeweht werden. Die Temperatur der Korona beträgt knapp 2 Millionen Grad Celsius und ist damit viele hundert Mal heißer als die Oberfläche. Irgendetwas muss Energie in die Korona pumpen. Forscher vermuten, es sei eine Mischung aus einer Neuverbindung (wenn magnetische Feldlinien sich falten und sich wiedervereinigen) und aus Wellen im Magnetfeld, die das Plasma zusammendrücken, etwa so wie man ein Handtuch faltet. Die NASA hat vorgeschlagen, die Sonnensonde Solar Probe Plus könne ein Raumfahrzeug bis auf ein paar Millionen Kilometer an die Sonne heranbringen, um die Lage zu klären. Die Mission wird noch geprüft und könnte frühestens 2015 starten.

Fakten zum Angeben

- *Photonen in der Sonne brauchen unter Umständen eine Million Jahre, um an die Oberfläche zu gelangen. Um von dort aus zur Erde zu kommen, brauchen sie dann bloß noch 8,3 Minuten.*
- *Die Sonne hat eine ausgedehnte Atmosphäre geladener Teilchen – Sonnenwind genannt –, die sich bis über die Umlaufbahn Plutos hinaus erstreckt. Sie verliert sich schließlich in einer Region namens Heliopause, wo der Wind die Energie verloren hat, um das Material zwischen den Sternen zurückzustoßen.*
- *Man sollte unsere Sonne nicht für durchschnittlich halten. Was ihre Masse angeht, gehört sie zu den ersten 10 Prozent der Sterne in unserer Galaxie; von den 50 nahegelegensten Sonnensystemen steht unseres, was die Helligkeit betrifft, an vierter Stelle.*

PLANETEN

Basics

Die acht Planeten des Sonnensystems entstanden vor rund 4,6 Milliarden Jahren aus einer sogenannten protoplanetaren Scheibe aus Gas und Staub, die um die Sonne wirbelte. Wie bei Staub üblich, klumpte er zu «Wollmäusen» (größeren Staubflocken) zusammen, die im Lauf vieler Millionen Jahre lawinenartig zu gewaltigen Felsbrocken anschwollen, die dann zu Protoplaneten von Mondgröße miteinander verschmolzen. Wie Flipperkugeln stießen sie zusammen, bis sich die acht Planeten gebildet hatten.

Kleine Steine und Metallkörner wurden von der Gravitation zum Zentrum der Scheibe gezogen und bildeten vier felsige oder «terrestrische» Planeten: Merkur, Venus, Erde und Mars. Jeder hat einen dichten Eisenkern, umgeben von einem Mantel, der reich an Siliziumdioxid ist – derselbe Stoff, aus dem Glas, Quarz und Beton hergestellt werden.

Die Strahlung von der Sonne wehte die Gase noch weiter fort, sodass sie mit fernen Brocken eisigen Gesteins die vier Gasriesen bildeten: Jupiter, Saturn, Uranus und Neptun. Sie werden auch jupiterähnliche Planeten genannt. Ihre Helium- und Wasserstoffatmosphären verflüssigen sich allmählich, sodass diesen Planeten ausgeprägte Oberflächen fehlen. Sie haben felsige Kerne, die nicht unbedingt Miniplaneten sind, sondern vielmehr Zusammenballungen von Eisen und Nickel, durchsetzt von leichteren Elementen. Die Überreste der Planetenbildung wurden zu Asteroiden, Kometen und zu den Eiskörpern des

Kuipergürtels, Pluto und andere Zwergplaneten eingeschlossen, die zwar eine runde Form erreichten, aber niemals groß genug wurden, um alles wegzufegen, was ihnen im Weg stand.

Grenzen des Wissens

Der Begriff des Zwergplaneten ist noch relativ neu und muss vermutlich revidiert werden. Die Internationale Astronomische Union (IAU) degradierte Pluto 2006 zum Status eines Zwergs, nachdem man Eris, ein sogar noch größeres Objekt, im Kuipergürtel entdeckt hatte. Die IAU erkennt mittlerweile fünf Zwergplaneten an: Pluto, Eris, Haumea, Makemake (alle im Kuipergürtel jenseits von Neptun) sowie Ceres (einen Asteroiden). Womöglich gibt es viel mehr, aber selbst diese Gruppe ist nur provisorisch. Astronomen haben lediglich Ceres und Pluto genau genug studiert, um sich über ihren Status sicher zu sein.

Fakten zum Angeben

- *Sonnensysteme wie das unsere könnten vielmehr die Ausnahme und nicht die Regel sein. Von mehr als 300 entdeckten Planeten um ferne Sterne sind die meisten Gasriesen, die ihre Muttersterne in engen Bahnen umkreisen. Natürlich ist das auch die Art von Planet, die wir am besten aufzuspüren wissen.*
- *Die Grenzlinie zwischen einem Stern und einem Planeten ist ein wenig verschwommen. Astronomen entdeckten 2006 protoplanetare Scheiben um rund ein halbes Dutzend planetenähnlicher Objekte, deren Masse im Bereich vom Fünf- bis zum Fünfzehnfachen des Jupiters angesiedelt war. Die Forscher haben sich bis jetzt noch nicht geeinigt, ob sie eigenwillige Planeten oder «Braune Zwerge» sind, Protosterne, die zu klein waren, um eine ausreichende Kernfusion zuwege zu bringen.*

MERKUR

Basics

Merkur ist der kleinste Planet im Sonnensystem, er ist nur 40 Prozent größer als der Mond der Erde und der Sonne am nächsten. Außerdem ist er der schnellste. Benannt nach dem geflügelten Gott aus der römischen Mythologie, umkreist er die Sonne in 88 Tagen. Von der Erde aus betrachtet, schwingt er ungefähr zweimal im Jahr am Himmel vor und zurück. Wie unser Mond ist Merkur von zahlreichen Einschlagkratern wie mit Narben übersät, da er so gut wie keine Atmosphäre hat, in der Meteoriten verbrennen könnten.

Ein Tag auf Merkur dauert zwei Erdjahre, Zeit genug, dass seine Tagseite auf 430 Grad Celsius aufgeheizt wird. Die Temperaturen auf der Nachtseite des Merkur stürzen auf –172 Grad Celsius ab. In den schattigsten Tiefen seiner Krater könnte sogar Eis verborgen sein.

Auf der Grundlage seiner Größe und Masse schätzen Forscher, dass Merkurs Kern hauptsächlich aus Eisen besteht, das mindestens 60 Prozent seiner Masse und 75 Prozent seines Durchmessers ausmacht. Merkur ist der einzige andere Felsenplanet im Sonnensystem außer der Erde, der ein Magnetfeld hat, was auf einen geschmolzenen äußeren Kern hinweist, der in fließender Bewegung elektrische Ströme erzeugt. Beim Abkühlen der geschmolzenen Schicht sollte der innere feste Kern anwachsen. Pures Eisen ist dichter als flüssiges Eisen, sodass der Kern insgesamt in Wirklichkeit schrumpfen müsste.

Grenzen des Wissens

Die Merkuroberfläche weist Belege für sein Schrumpfen in Form von verlängerten Klippen oder Steilhängen auf. Forscher vermuten, dass an diesen Orten die Oberfläche aufgebrochen ist, wobei ein Teil der Kruste unter einen andern Teil geglitten ist und ihn nach oben gedrückt hat. Andere Oberflächenmerkmale legen ehemalige vulkanische Aktivitäten nahe. Krater enthalten glatte Abschnitte von Felsgestein, das gehärtete Lava zu sein scheint. Beide Schlussfolgerungen wurden von Daten der NASA-Raumsonde MESSENGER (Mercury Surface, Space Environment, Geochemistry and Ranging; etwa: Sonde zur Messung der Merkuroberfläche, seiner Raumumgebung, Geochemie und der Entfernungen) bestätigt. Sie kam im Januar 2008 bis auf 200 Kilometer an ihn heran. Es war der erste Vorbeiflug am Merkur seit über 30 Jahren. MESSENGER ist die erste Raumsonde, die konstruiert wurde, um Merkur zu umrunden. Am 18. März 2011 trat sie in die Umlaufbahn ein.

Fakten zum Angeben

- Die Kartierung von Merkur brachte Narben von 15 großen Einschlägen zum Vorschein. Dazu gehört das Calorisbecken mit einem Durchmesser von 1550 Kilometern. Womöglich hat es hier einen Asteroideneinschlag gegeben, der offenbar die Kruste auf der gegenüberliegenden Seite des Planeten angehoben und aufgebrochen hat.
- Sie wollen zum Merkur fliegen? Dann nehmen Sie Ihre Sonnenbrille mit, denn die Sonne erscheint Ihnen dort zweieinhalbmal größer als auf unserem Planeten.

VENUS

Basics

Einst Morgen- oder auch Abendstern genannt, ist Venus als zweiter, die Sonne umrundender Planet nach dem Mond das hellste Objekt am Nachthimmel. Aber obwohl Venus nach der römischen Göttin der Liebe und Schönheit benannt wurde, ist sie bei näherer Betrachtung ziemlich hässlich. Die gelblichen Wolken, die sie so hell erscheinen lassen, bestehen aus Schwefelsäuretröpfchen. An der Oberfläche erreichen die Temperaturen 482 Grad Celsius – heiß genug, um Blei zu schmelzen –, und der dort herrschende Druck entspricht dem Zustand 1000 Meter unter dem irdischen Meeresspiegel. Sonden, die auf Venus landeten, hielten nur wenige Stunden.

Venus ähnelt der Erde in Größe, Masse und Zusammensetzung. Als Opfer des stärksten Treibhauseffekts im Sonnensystem hat sie eine dichte, trockene Atmosphäre, die reich an Kohlendioxid ist und mehr Sonnenwärme abfängt als Merkur, was zu heißeren Temperaturen führt, obwohl sie doppelt so weit von der Sonne entfernt ist. Ohne den Treibhauseffekt, so vermuten die Wissenschaftler, ähnelte das Venusklima dem der Erde. Und tatsächlich könnte Venus einmal Ozeane gehabt haben. Die wären dann aber in der Wahnsinnshitze verdunstet.

Venus ist unsere nächste Nachbarin, zu der wir seit 1962 mehr als 20 Raumsonden geschickt haben. Es gab eine Zeit, als die Forscher glaubten, der Planet sei der beste Ort im Sonnensystem, um nach Leben Ausschau zu halten. Inzwischen wissen wir, dass er zu den vermutlich schlechtesten gehört.

Grenzen des Wissens

Die Sonde Venus Express der Europäischen Weltraumorganisation hat den Planeten seit 2006 umrundet und dabei einen riesigen atmosphärischen Wirbel in der Nähe des Südpols des Planeten entdeckt. Die NASA plant den Start des «Venus In-Situ Explorer», der auf der Venusoberfläche landen soll, um ein Loch in die Kruste zu bohren und Proben unter der vom Wetter mitgenommenen Oberfläche zu nehmen. Venus hat in den letzten Jahren erhöhte Aufmerksamkeit erlangt, weil sie als Extremfallstudie für die globale Erwärmung, die inzwischen die Erde beeinflusst, dienen könnte.

Das heißt nicht, dass wir wie Venus im ausgetrockneten Zustand enden müssen. Die Forscher glauben, dass die Sonne im Lauf vieler Millionen Jahre zuerst das Wasser der Venus verdunsten ließ und anschließend der Treibhauseffekt ins Spiel kam, weil weder Lebewesen noch geologische Reaktionen das Kohlendioxid absorbierten.

Fakten zum Angeben

- *Die rückläufige Rotation der Venus (sie dreht sich in umgekehrter Richtung zu ihrer Umlaufbewegung) hat zur Folge, dass auf ihrer Oberfläche die Sonne im Westen auf- und im Osten untergeht.*
- *Die Temperatur auf der Venus scheint nur mit zunehmender Höhe abzuweichen. Die Magellan-Sonde entdeckte eine reflektierende Substanz auf den höchsten Gipfeln des Planeten, was aussah wie Schnee. Die Wissenschaftler haben spekuliert, es könnte sich um das kondensierte Element Tellur oder um Bleisulfid handeln.*
- *Radarbilder der Venusoberfläche zeigen einige große Krater, aber nur wenige kleine. Kleine Meteoriten würden in der dichten Atmosphäre verglühen.*

ERDE

Basics

Unser Heimatplanet strotzt vor Superlativen: Die Erde ist der größte Felsplanet und der dichteste im Sonnensystem. Außerdem gibt es nur hier Wasser in flüssiger Form an der Oberfläche. Obendrein ist sie der einzige Himmelskörper, der bekanntermaßen Leben beherbergt. Meere bedecken 71 Prozent der Erdoberfläche, sie absorbieren die Sonnenwärme und tragen dazu bei, die Temperaturen stabil zu halten. Der Eisen-Nickel-Kern des Planeten erzeugt ein starkes Magnetfeld. Und unsere dichte Atmosphäre schützt das Leben vor tödlicher kosmischer Strahlung.

Bemerkenswert an der Erdatmosphäre ist ihr Sauerstoffgehalt (21 Prozent), den atmende Pflanzen und fotosynthetische Mikroben beisteuern. Der Rest besteht hauptsächlich aus Stickstoff (78 Prozent) mit Spuren von Argon (nahezu 1 Prozent), Wasserdampf und vor allem Kohlendioxid, das zur Erwärmung der Erdoberfläche beiträgt, indem es infrarotes Licht einfängt. Die felsige Oberfläche ist relativ jung und erneuert sich selbst regelmäßig durch die Verschiebung tektonischer Platten in der Erdkruste. Die Rotationsachse des Planeten ist um 23,4 Grad zur Vertikalen geneigt, was im Lauf des Jahres zu geringfügigen Temperaturabweichungen auf dem Globus führt – die Ursache der Jahreszeiten.

Die Geschichte des Lebens auf der Erde hängt davon ab, wie schnell sich der Planet nach seiner Entstehung vor 4,5 Milliarden Jahren zu einem bewohnbaren Ort entwickelte. Das früheste

Anzeichen für Leben stammte – wenn es auch ziemlich flüchtig war – von Steinen aus Grönland, die 3,8 Milliarden Jahre alt sind. Sie haben etwas mehr Kohlenstoff-12 als Kohlenstoff-13, was auf die Arbeit mikroskopischen Lebens hinzuweisen scheint.

Grenzen des Wissens

Früher glaubten die Wissenschaftler, die Erde sei die ersten 700 Millionen Jahre lebensfeindlich gewesen. Diese Periode nannte man Erdurzeit oder Hadaikum in Anlehnung an den Hades, das griechische Wort für Hölle. Als dann mit einem Kometenbombardement große Mengen Eis auf die Erde kamen, die schmolzen und zu unseren Meeren wurden, muss sich das Leben rasch entwickelt haben, was ein wenig suspekt klang. Aber in den letzten Jahren haben Studien kleiner Zirkonkristalle aus Australien diese Ansicht revidiert. Untersuchungen dieser 4,2 Milliarden Jahre alten Mineralien, die zu den ältesten bekannten Steinen gehören, legen nahe, dass die Erde vor 4,2 Milliarden Jahren sowohl Meere als auch Kontinentalplatten hatte, sodass dem Leben mehr Zeit zur Entwicklung blieb.

Fakten zum Angeben

- *Bis zu 90 Prozent der Erdwärme stammen aus dem radioaktiven Zerfall von Elementen wie Kalium-40, Uran-235, Uran-238 und Thorium-232.*
- *Der Himmel ist blau, weil blaues Licht von der Sonne stärker streut als andersfarbiges Licht, wenn es auf Gasmoleküle in der Atmosphäre trifft. Aus dem Weltall betrachtet, erscheint die Sonne weniger blau und mehr orange.*
- *Die Kontinente verschieben sich um einige Zentimeter pro Jahr, was sich mit dem Wachstum von Fingernägeln vergleichen lässt.*

MOND

Basics

Der auffälligste Himmelskörper nach der Sonne ist der Mond. Er machte einen so gewaltigen Eindruck auf die Menschen, dass unsere Vorfahren schon mit ihren ersten Rechenübungen anfingen, den Zeitverlauf auf der Grundlage seiner regelmäßigen Zyklen zu messen (er braucht 29,5 Tage, um an denselben Ort am Himmel zurückzukehren). Bis heute ist er der einzige Ort im Sonnensystem außerhalb der Erde, auf den wir unseren Fuß gesetzt haben, und wahrscheinlich werden wir dorthin zurückkehren, bevor wir irgendwo anders hinfliegen werden.

Zwei wesentliche Oberflächenarten geben dem Mond das unverwechselbare Aussehen: alte, hellfarbige Hochländer (Terrae genannt) im Kontrast zu glatten, dunklen Tiefebenen (Maria genannt). Sie bildeten sich, als gewaltige Krater mit Lava überschwemmt wurden. Wahrscheinlich kam mit Kometeneinschlägen im Lauf der Zeit etwas Wasser auf die Mondoberfläche. Die meisten dieser Wassermoleküle wurden vermutlich vom Sonnenlicht in Sauerstoff und Wasserstoff gespalten und dann ins Weltall ausgeworfen, aber es ist auch möglich, dass Eis in einigen der tiefsten Krater in der Nähe der Pole schlummert, wohin das Sonnenlicht nie vordringt.

Forscher glauben, der Mond sei vor rund 4,5 Milliarden Jahren entstanden, als ein Asteroid oder ein kleiner Protoplanet auf der Erde einschlug und dabei ein Stück unseres sich gerade bildenden Planeten abbrach. Da der Mond praktisch keine Atmosphäre und kein Magnetfeld besaß, die ihn vor den Gefahren aus dem

Weltall hätten schützen können, wurde er zu einer bequemen Zielscheibe für Meteoriten. Mehr als eine Million der Krater, von denen der Mond übersät ist, haben einen Durchmesser von 800 oder mehr Metern.

Grenzen des Wissens

Obwohl wir den Mond zuletzt 1972 besuchten, kündigte die NASA 2006 Pläne an, eine permanente Basis in der Nähe der Pole zu bauen, wo Wissenschaftler und Astronauten nach natürlichen Ressourcen suchen, ausgedehnte Experimente durchführen und sich auf künftige Marsmissionen vorbereiten könnten. Die USA starteten am 18. Juni 2009 die Mondsonde Lunar Reconnaissance Orbiter (LRO). Sie soll den Weg für eine Mondstation bereiten, die schon 2020 fertig sein könnte.

Die Sonde wird ein zweites Raumfahrzeug an Bord haben, das konstruiert wurde, um in den Südpol des Mondes einzuschlagen und etwaiges verborgenes Wassereis zu entdecken.

Fakten zum Angeben

- *Der Mond weicht jährlich vier Zentimeter weiter von der Erde ab – eine Auswirkung der Gezeiten. Die Erdrotation verlangsamt sich aus demselben Grund um einen kleinen Betrag. Wissenschaftler glauben, ein Erdtag habe einmal fünf bis sechs Stunden gedauert. Geben Sie also dem Mond die Schuld für die augenblickliche Länge des Arbeitstags.*
- *Der Mond hat einen der größten Einschlagkrater im Sonnensystem. Das Südpol-Aitken-Becken, das auf der Mondrückseite in dessen südlicher Hemisphäre liegt, hat einen Durchmesser von 2240 Kilometern und ist 13 Kilometer tief.*

MARS

Basics

Der vierte, um die Sonne kreisende Planet ist der Mars. Sein Spitzname lautet Roter Planet, weil sein roter Farbton sogar mit dem bloßen Auge zu erkennen ist. Diese Farbgebung stammt von oxidierten Eisenmineralen – Rost im wahrsten Sinn des Wortes – in Gestein und Boden seiner Oberfläche. Kräftige Marswinde verstärken die rote Farbe noch, wenn sie Staub in die dünne trockene Atmosphäre blasen.

Nach planetarischen Maßstäben ist das Marsklima relativ mild. Die Oberflächentemperaturen erreichen durchschnittlich frostige −65 Grad Celsius und Tiefsttemperaturen bis zu −128 Grad im Winter, aber an Sommertagen kann es bis zu 26 Grad warm werden.

Hätte der Mars Nationalparks, wären die Eintrittspreise wahrscheinlich deftig. Die Marslandschaft beherbergt die höchsten Berge und die tiefsten Schluchten des Sonnensystems. So ist zum Beispiel Olympus Mons, ein inaktiver Vulkan, 26 400 Meter hoch, sein Durchmesser misst sogar fast 600 Kilometer. Die Valles Marineris (Mariner-Täler) sind fast 4000 Kilometer breit und 7 Kilometer tief.

Eiskappen an beiden Polen verweisen auf eine feuchte Marsvergangenheit. Trockene Flussbetten und uralte Überschwemmungsebenen nähren die Vorstellung einer längeren Periode vor etwa drei bis vier Milliarden Jahren, als flüssiges Wasser weit verbreitet war. Heute ist der Planet zu kalt und zu trocken, um für flüssiges Wasser an der Oberfläche geeignet zu sein, aber die

Forscher hoffen noch immer, es könnte unter der Oberfläche versteckt sein. Und vielleicht findet man dann sogar Beweise für Leben in der Vergangenheit des Planeten.

Grenzen des Wissens

Der Mars hat mehr Roboter-Besucher auf seiner Oberfläche oder in der Umlaufbahn gesehen als jeder andere Planet im Sonnensystem, wenn man einmal von der Erde absieht. Die Rover Spirit und Opportunity der Sonde Mars Explorer werkeln seit der Landung 2004 noch immer auf der staubigen Marsoberfläche herum. Sie haben den zwingenden Beweis erbracht, dass der Mars große stehende Gewässer in der Vergangenheit hatte. Der Mars Reconnaissance Orbiter knipste 2007 Bilder von verdächtig schlängelnden Lawinen, die durch Rinnen flossen (wobei es sich vielleicht um Wasser, vielleicht aber auch um feinen Staub handelte), während 2008 das Landefahrzeug Mars Phoenix in der Nähe des Nordpols aufsetzte, wo es die Anwesenheit von Eis unter dem Boden bestätigte. Im November 2011 ist das Mars Science Laboratory gestartet. Dieser aufgemotzte Rover ist mit einem Laser ausgestattet, der die chemische Zusammensetzung von Steinen in zwölf Metern Entfernung untersuchen soll.

Fakten zum Angeben

- *Der Mars hat zwei unregelmäßig geformte Monde namens Phobos und Deimos, die vermutlich eigenwillige Asteroiden sind, die aus dem benachbarten Asteroidengürtel angezogen wurden. In 30 bis 80 Millionen Jahren wird Phobos entweder auf die Marsoberfläche aufschlagen oder, was wahrscheinlicher ist, auseinanderbrechen, um einen Planetenring zu bilden.*

- Ein gigantischer Asteroid scheint vor mehr als vier Milliarden Jahren in den Mars eingeschlagen zu sein. Dabei hat er eine 33 Kilometer tiefe elliptische Senke – die «hemisphärische Dichotomie» – zurückgelassen, die 42 Prozent des Planeten ausmacht.

ASTERODIEN

Basics

Asteroiden sind die Krümel des Sonnensystems: trockene, staubige Gesteins- und Eisenbrocken, die im Weltall schweben. Die meisten bekannten Asteroiden umkreisen die Sonne in einem Gürtel zwischen Mars und Jupiter, wo sie ständig zusammenstoßen. Astronomen haben fast 300 000 von ihnen entdeckt, gehen aber von einer Milliarde und mehr aus. Sie schwanken in der Größe zwischen Ceres, die rund ist und einen Durchmesser von 975 Kilometern hat, bis zu Objekten, die nicht viel größer sind als ein paar Straßenzüge. Andere Asteroiden waren anfangs womöglich einmal rund, wurden dann aber zu kleineren Formaten zerrieben. Insgesamt macht ihre Masse einen Bruchteil der Mondmasse aus.

Die Erde zeigt so manche Narbe von Asteroideneinschlägen, wie etwa den Chicxulub-Krater, eine 175 Kilometer breite Formation an der Küste der mexikanischen Halbinsel Yucatán, der Wissenschaftler die Schuld am Aussterben der Dinosaurier geben. Sie glauben, der Krater stamme von einem zehn Kilometer breiten Asteroiden, der vor 65 Millionen Jahren auf der Erde einschlug und dabei eine Staubwolke aufwirbelte, die den Himmel verdunkelte und den Globus abkühlte.

Tausende von Asteroiden kreuzen die Erdumlaufbahn oder kommen ihr zumindest nahe. Himmelsbeobachter haben fast 1000 dieser erdnahen Objekte – wenn Sie Raumfahrtfans beeindrucken wollen, sprechen Sie von NEOs (Near Earth Objects) – als potenziell gefährliche Asteroiden eingestuft. Sie sind per definitionem größer als eineinhalb Kilometer und rücken der Erdumlaufbahn bis zu 7,5 Millionen Kilometer auf die Pelle. Die Forscher hoffen, dass sie mit ihrer Überwachung die Bedrohung eines Einschlags vorhersagen können.

Grenzen des Wissens

Die NASA-Raumsonde Dawn ist auf einer achtjährigen Mission. Im Sommer 2011 traf sie mit dem Asteroiden Vesta zusammen, während sie dem Zwergplaneten Ceres 2015 begegnen soll. Das sind zwei der größten Asteroiden in dem Gürtel zwischen Mars und Jupiter. Dawn ist so ausgelegt, dass sie Form, geologische Geschichte und die Zusammensetzung der Himmelskörper untersuchen kann. Dazu gehört auch die Suche nach wasserführenden Mineralien. Falls Asteroiden tatsächlich das Saatgut der Planetenbildung sein sollten, wovon die Forscher ziemlich überzeugt sind, sollte die Studie ein besseres Bild dieser frühen Planetenkrümel ergeben.

Fakten zum Angeben

- *Ceres wurde 1801 entdeckt und ein halbes Jahrhundert lang als Planet betrachtet, bevor Wissenschaftler das Asteroiden-Konzept entwickelten.*
- *Die NASA behauptet, sie habe mindestens 168 Fehler in dem Weltuntergangsfilm* Armageddon *gefunden, in dem es um einen Asteroiden geht und den sie für ihr Managementtraining benutzt. Unter anderen hätte ein Asteroid keine erdähnliche Gravitation, und mit einem Shuttle auf einem zu landen, sei völlig undenkbar.*

METEORE

Basics

Meteoroiden ist ein vager Sammelbegriff für kleine Steine aus dem Weltall, zu denen auch Bruchstücke von Asteroiden und Kometen zählen, aber auch die seltenen Steine, die vom Mars oder vom Mond fortgesprengt werden. Jeder abgebrochene Meteoroid beginnt seine eigene, höchst unregelmäßige Umlaufbahn um die Sonne. Wenn einer dieser Steine, von einem Blitz begleitet, durch die Erdatmosphäre saust, wird er Meteor (Sternschnuppe) genannt. Sollte er die Reise überleben und auf die Erde fallen, nennt man ihn einen Meteoriten.

Überbleibsel von Kometen bewegen sich häufig gemeinsam auf einer Umlaufbahn und erzeugen leuchtende Meteorschauer, wenn sie in unsere Atmosphäre eintreten. Der Perseiden-Meteorstrom findet jedes Jahr zwischen dem 9. und 13. August statt, wenn die Erde den Orbit des Kometen Swift-Tuttle kreuzt. Der Halleysche Komet ist der Ursprung des Orioniden-Meteorstroms im Oktober.

Meteore werden normalerweise in 65 bis 120 Kilometern Höhe gesehen. Sie können mit bis zu 70 Kilometern in der Sekunde mit der Erde zusammenstoßen. Wenn ein solcher Stein in die Erdatmosphäre eintritt, ionisiert er Luftmoleküle und hinterlässt einen leuchtenden Streifen, der Ionisationsspur genannt wird. Wenngleich diese hellen Blitze bis zu 45 Minuten dauern können, sind die meisten, in der Atmosphäre verbrennenden Meteore so groß wie Sandkörner und verursachen überhaupt kein Feuerwerk.

Trotz eingeschränkter Sicht stehen wir unter kontinuierlichem Bombardement: Es wird geschätzt, dass diese winzigen Meteoroiden alle paar Sekunden in die Atmosphäre eintreten.

Grenzen des Wissens

Meteoroiden können Sie krank machen. Im September 2007 erleuchtete ein Meteor den Himmel und hinterließ in der Nähe des Titicacasees in Peru einen Krater von zwanzig Metern Durchmesser und fünf Metern Tiefe. Innerhalb weniger Tage wurden Menschen in einer nahegelegenen Stadt krank. Sie litten unter schwerer Benommenheit, Schwindelgefühl, Erbrechen und Hautverletzungen. Tödliche Mikroben aus dem Weltall? Nein. Wie sich herausstellte, verdampfte der Meteor einen Teil eines unterirdischen, arsenverseuchten Wassereservoirs. Der Arsendampf wurde vom Wind fortgetragen, streifte die Schaulustigen und Stadtbewohner und machte sie krank.

Fakten zum Angeben

- *Kleine Meteoroiden können sich zu einer echten Bedrohung für Raumsonden entwickeln. Das Hubble-Weltraumteleskop hat 572 Dellen und Narben von Meteoroideneinschlägen. Es gibt einen NASA-Mitarbeiter, dessen Aufgabe es ist, diese Einschläge zu simulieren, indem er künstliche Meteoriten aus einer großen Kanone abfeuert.*

JUPITER

Basics

Der Jupiter ist mehr als doppelt so massereich wie alle anderen Planeten zusammengenommen. Käme noch mehr Materie hinzu, würde sie ihn nur zusammendrücken und dichter machen, statt bloß seinen Durchmesser zu vergrößern. Jupiter ist aus den Urelementen des Sonnennebels zusammengesetzt, der die Sonne erschuf: 90 Prozent Wasserstoff und 10 Prozent Helium. Wäre Jupiters Masse 80-mal größer, würden die Wasserstoffkerne in seinem Kern mit der Kernfusion beginnen. Größe und Energie des Planeten nähmen dabei exponentiell zu, bis er sich in einen Stern verwandelt hätte.

Würden Sie tief ins Innere des Jupiters reisen, wo die Temperaturen bis auf 11 000 Grad Celsius steigen und die Drücke vier Millionen Mal stärker als auf der Erde sind, träfen Sie eine elementare Rarität an: flüssigen metallischen Wasserstoff. Dies geschieht nur, wenn Wasserstoffatome auseinandergerissen werden, sodass Elektronen frei fließen. Die daraus resultierenden elektrischen Ströme erzeugen ein gewaltiges Magnetfeld, das bis über den Saturn hinausreicht.

Nur Jupiters oberste Wasserstoff- und Heliumschichten sind auf seiner aufgewühlten Oberfläche sichtbar. Seine extreme Rotation (ein Jupitertag dauert 10 Stunden) wirbelt starke Turbulenzen auf, die seine Atmosphäre in parallele Sturmbänder aufbricht. Der berühmteste dieser Stürme ist der Große Rote Fleck, der groß genug ist, um die Erde viermal zu verschlingen, und der wahrscheinlich bereits seit 300 Jahren wütet.

Grenzen des Wissens

Der Jupiter ist, für sich allein betrachtet, schon ein kleines Planetensystem. Man kennt 63 Monde, von denen die meisten nach den zahlreichen Geliebten des Zeus benannt sind. Bei den Römern hieß Zeus Jupiter. Die Monde könnten unterschiedlicher kaum sein: Die aggressive Io kann aktive Vulkane vorweisen, die Schwefelfahnen viele hundert Kilometer weit in den Weltraum speien; Callisto ist das vernarbteste Objekt im ganzen Sonnensystem, während Ganymed der größte Mond ist – größer noch als der Planet Merkur. Am bezauberndsten ist vielleicht Europa. Die Forscher glauben, der Jupitermond beherberge einen ausgedehnten Wasserozean unter seiner eisig glatten Oberfläche, die mit braunen Rissen übersät ist. Geothermische Energie aus dem Inneren des Mondes könnte eine hervorragende Brutstätte des Lebens sein. Die NASA testet bereits ein 1,7 Millionen Euro teures Tauchfahrzeug, um voraussichtlich im Jahr 2028 nachschauen zu können.

Fakten zum Angeben

- *Jupiter muss immer noch von seiner Entstehung abkühlen. Er gibt ungefähr 70 Prozent mehr Wärme ab, als er von der Sonne aufnimmt. Sie geht auf eingeschlossene infrarote Strahlung zurück.*
- *Selbst wenn der Große Rote Fleck verblassen sollte, könnten künftige Generationen es mit einem neuen Supersturm zu tun bekommen. 1999 entdeckte die NASA einen «großen weißen Fleck» von ungefähr der halben Größe des Großen Roten Flecks, der sich aus einer Ansammlung kleinerer Stürme bildete. 2006 war der wachsende Sturm rot geworden.*

SATURN

Basics

Wenige außerirdische Sehenswürdigkeiten erregen so viel Staunen wie Saturns leuchtende Ringe. Berücksichtigt man noch eine fast makellose «Hautfarbe» – blassgelb und sahnig –, dann ist der Saturn mit Abstand der fotogenste Planet im Sonnensystem. Aber der Planet hat noch mehr zu bieten als nur ein plakatives Aussehen. Der Saturn ist aus demselben Material zusammengesetzt wie Jupiter und dreht sich so schnell, dass er am Äquator anschwillt und an den Polen abflacht. Dadurch entsteht eine längliche Form. Er ist der zweitgrößte Planet im Sonnensystem, aber auch der Himmelskörper mit der geringsten Dichte. Der Saturn würde im Wasser schwimmen, fände man einen ausreichend großen Ozean, um ihn dort einzutauchen.

Wie Jupiter hat auch Saturn zahlreiche Satelliten (60 sind bestätigt) und ein Inneres aus flüssigem metallischem Wasserstoff, der einen kleinen felsigen Kern umgibt. Er erzeugt ähnliche Wolkenbänder und Sturmflecken, aber sie sind auf der vanilleähnlichen Oberfläche, dem Produkt vernebelten Ammoniaks, schwer zu unterscheiden.

Die berühmten Ringe des Saturns haben einen Durchmesser von vielen hunderttausend Kilometern, sind aber nur wenige Meter dick. Sie bestehen hauptsächlich aus mikroskopischen Wassereisteilchen (manche sind so groß wie Autos) und bleiben durch die Gravitation und wegen einiger «Schäfermonde» an Ort und Stelle. Die Ringe könnten sich zur Zeit der Dinosaurier auf der Erde aus einem zerfallenden Mond gebildet haben.

Grenzen des Wissens

Der faszinierendste Saturnmond ist Titan, der zweitgrößte Mond im Sonnensystem hinter dem Jupitermond Ganymed. Er ist größer als Merkur und dichter als Pluto und der einzige Mond in unserem Sonnensystem mit einer nennenswerten Atmosphäre. Außerdem ist er der einzige Ort im Sonnensystem, abgesehen von der Erde, mit Flüssigkeiten auf der Oberfläche. Als nämlich die NASA-Mission Cassini-Huygens 2004 unter Titans orangen Himmel vordrang, entdeckte man zwar nicht den Methanozean, auf den viele Forscher gesetzt hatten, aber dafür kamen an den Polen des Monds ganze Seen flüssigen Kohlenwasserstoffs zum Vorschein. Jüngste Funde weisen darauf hin, dass Titan 50 bis 145 Kilometer unter seiner Oberfläche einen Ozean mit flüssigem Wasser haben könnte.

Fakten zum Angeben

- *Die Ringe des Saturns haben eine Art Atmosphäre aus molekularem Sauerstoff, der entsteht, wenn ultraviolettes Sonnenlicht mit Wassereis in den Ringen reagiert.*
- *Wie beim Titan nimmt man auch beim Saturnmond Enceledus an, er verberge Wasser unter seiner Oberfläche. Jüngste Beobachtungen legen nahe, dass frostige Vulkane auf seiner Oberfläche regelmäßig Eiskristalle ins Weltall ausstoßen, wo sie vermutlich die Saturnringe verjüngen und auffrischen.*
- *Durch einen seltsamen Mechanismus erzeugt der Saturn so viel Wärme, wie er von der Sonne bekommt: nämlich durch Reibung von Tröpfchen flüssigen Heliums, das durch die metallische Schicht des Planeten fällt.*

URANUS

Basics

Uranus ist der drittgrößte Planet im Sonnensystem. Im Gegensatz zu Jupiter und Saturn macht Wasserstoff nur 15 Prozent der Masse des Uranus aus. Helium ist nur in winzigen Mengen vorhanden. Beide Elemente sind in der Atmosphäre konzentriert, die blassbläulich glüht, weil hoch stehende Methanwolken das Licht auf ähnliche Weise streuen wie die Erdatmosphäre. Im Mittelpunkt des Planeten befindet sich ein felsiger, eisiger Kern, nicht viel größer als die Erde und umgeben von dichten Schichten aus Wasser, Methan und Ammoniak.

Uranus strahlt recht wenig Wärme ab und empfängt auch wenig Wärme von der Sonne (ein Vierhundertstel der Intensität des Sonnenlichts auf der Erde), womit er zum kältesten Planeten im Sonnensystem avanciert. Seine atmosphärische Temperatur fällt bis auf –223 Grad Celsius ab. Einige Wissenschaftler vermuten, eine frühe Kollision mit einem Protoplaneten von der Masse der Erde könnte den größten Teil des warmen Uranuskerns weggerissen haben.

Dieselben Zusammenstöße könnten für das seltsamste Merkmal des Planeten verantwortlich sein: Seine Rotationsachse liegt nämlich auf der Seite, und ein Pol zeigt in Richtung Sonne. Während sich alle anderen Planeten wie Kreisel drehen, dreht sich Uranus wie ein rollender Ball. Jeder Pol empfängt 42 Jahre lang kontinuierlich Sonnenlicht, gefolgt von 42 Jahren der Dunkelheit.

Grenzen des Wissens

Uranus war der zweite Planet, der den Astronomen seine Ringe zeigte und dadurch bewies, dass sie ein gemeinsames Merkmal sind. Die 13 bekannten Ringe des Planeten sind dunkel und bestehen aus Staub- und Gesteinsteilchen, die womöglich von einem zerstörten Mond stammen. Jüngste Forschungen weisen auf eine dramatische Veränderung der Ringe hin, was sogar schon die Beobachtungen von Voyager 2 aus dem Jahr 1986 aufgedeckt hatten. Teleskope, die 2007 auf den Planeten gerichtet wurden, zeigten, dass sich einer der Hauptringe des Uranus einige tausend Kilometer von seiner ursprünglichen Position entfernt hatte.

Fakten zum Angeben

- *Uranus braucht für eine Umrundung der Sonne 84 Jahre.*
- *Uranus ist manchmal, in außergewöhnlich klaren und dunklen Nächten, gerade noch mit bloßem Auge sichtbar. Als der Astronom William Herschel ihn 1781 erstmals identifizierte, glaubte er, einen Kometen entdeckt zu haben.*
- *Man kennt 27 Uranusmonde. Bis auf einen sind alle nach Shakespeare'schen Figuren benannt (Miranda, Titania, Oberon etc.). Alle anderen Monde im Sonnensystem haben ihre Namen von griechischen Göttern.*

NEPTUN

Basics

Passend zum römischen Meeresgott, nach dem Neptun benannt wurde, ist der achte und letzte Planet ein stürmischer Ort, Heimat der schnellsten Winde im Sonnensystem. Sie können über 2000 Kilometer pro Stunde erreichen. Neptun hat die Masse von 17 Erden und ist damit geringfügig größer und dichter als Uranus, was ihn auf den dritten Rang der massereichsten Planeten im Sonnensystem befördert.

Als Voyager 2 im Jahr 1989 am Uranus vorbeiflog, beobachteten Kameras in Äquatornähe einen Sturm von mehreren tausend Kilometern Breite, den man «Großer Dunkler Fleck» nannte. Ein kleinerer dunkler Fleck wurde im Süden ausgemacht. Als das Hubble-Weltraumteleskop 1994 erneut nachschaute, war der Große Dunkle Fleck verschwunden und von einem ähnlichen Sturm in der nördlichen Hemisphäre ersetzt worden.

Wie beim Uranus liegt auch unter Neptuns Atmosphäre ein Mantel aus Wasser, Methan und Ammoniak, der einen kleinen felsigen Kern umgibt. Die Wissenschaftler definieren den Mantel zwar als Eis, dabei ist er in Wirklichkeit eine dichte, elektrisch leitende Flüssigkeit. Die Forscher glauben, Neptun habe ein vielfältigeres Klima als Uranus, weil er mehr innere Energie erzeugt. Wie er das bewerkstelligt, ist noch unbekannt.

Neptun braucht 165 Jahre, um einmal die Sonne zu umkreisen. 2011 hat er seinen ersten vollständigen Zyklus um die Sonne seit seiner Entdeckung 1846 vollendet. Er hat 13 Monde und ein undeutliches Ringsystem, das wegen einer Kohlenstoff-

oder Silikatstaubschicht auf den eisigen Ringteilchen, aus der Nähe betrachtet, rot erscheinen könnte.

Grenzen des Wissens

Neptun ist 4,5 Milliarden Kilometer von der Sonne entfernt, 30-mal so weit wie die Erde von der Sonne, sodass es unmöglich ist, ihn mit bloßem Auge zu sehen. Die Astronomen schlossen auf seine Existenz aus Unregelmäßigkeiten in der Umlaufbahn von Uranus. Aber selbst bei einer derart großen Entfernung zur Sonne können minimale Abweichungen von der Sonnenerwärmung zu Jahreszeiten führen. Seit 1980 ist Neptun kontinuierlich heller geworden, und im Lauf des letzten Jahrzehnts sind seine Wolkenbänder ebenfalls breiter und heller geworden. Sollte es auf Neptun tatsächlich jahreszeitliche Veränderungen geben, sollte der Planet eigentlich noch in unserer Lebenszeit immer heller werden.

Fakten zum Angeben

- Triton, der größte der 13 Neptunmonde, ist der kälteste Himmelskörper im Sonnensystem. Bei –235 Grad Celsius sind Methan, Stickstoff und Kohlendioxid gefrorene Feststoffe. Saisonabhängige Erwärmung durch die Sonne bringt die Eisvulkane auf Triton dazu, flüssigen Stickstoff auszuspeien, der sich unter der Oberfläche des felsigen Mondes befindet.
- Das von den Neptunpolen entweichende Methan schwebt hoch genug in der Atmosphäre, um weiße Wolkenfetzen zu bilden, die nicht viel anders aussehen als Zirruswolken auf der Erde. Aber auf dem stürmischen Neptun bewegen sich diese Wolken schneller als der Schall.

PLUTO UND DER KUIPERGÜRTEL

Basics

Pluto wurde 1930 entdeckt und galt lange Zeit als der neunte Planet. Dennoch ist er stets ein Außenseiter geblieben. Pluto ist 2240 Kilometer breit oder hat, anders ausgedrückt, zwei Drittel der Größe unseres Mondes. Und seine Umlaufbahn um die Sonne ist so geneigt, dass sie 20 Jahre lang Neptuns Orbit auf dessen 249 Jahre dauernden Reise um die Sonne kreuzt. (Zwischen 1979 bis 1999 war Pluto der Sonne näher als Neptun.)

Forscher glauben inzwischen, Pluto sei nur einer von vielen zehntausend gefrorenen, kometenähnlichen Steinen, die jenseits von Neptun in einer Region, die Kuipergürtel (reimt sich auf «Kneiper») genannt wird, die Sonne ununterbrochen umrunden. Seit 1992 haben Wissenschaftler rund 70 000 Kuipergürtelobjekte entdeckt, die einen Durchmesser haben, der größer ist als 100 Kilometer. Dazu gehören die Zwergplaneten Haumea und Makemake.

Der Kuipergürtel erstreckt sich in einer Region, die 55-mal weiter von der Sonne entfernt ist als die Erde. Jenseits davon befindet sich eine andere Gruppe von Steinen, die gestreute Kuipergürtelobjekte genannt werden. Dieser Gürtel hat den doppelten Umfang des Kuipergürtels. Unter den gestreuten Kuipergürtelobjekten gibt es mehr unregelmäßige Umlaufbahnen, und sie könnten die Quelle einiger Kometen sein.

2002 entdeckten Astronomen Eris, ein gestreutes Kuipergürtelobjekt, das 5 Prozent größer ist als Pluto und das für kurze Zeit als zehnter Planet galt. Aufgrund dieser Entdeckung entschied sich die Internationale Astronomische Union dafür, Pluto und Eris zurückzustufen und sie in die neue Kategorie der Zwergplaneten einzuordnen, die jetzt «Plutoide» genannt werden.

Grenzen des Wissens

Es fällt schwer, Details über Pluto zusammenzutragen. Er ist so klein und so weit entfernt, dass selbst das Hubble-Weltraumteleskop nur sich voneinander abhebende helle und dunkle Bereiche auf seiner Oberfläche ausmachen kann. Forscher spekulieren, sie könnten von ungleichmäßigen Konzentrationen gefrorener Gase wie Kohlenstoff und Stickstoff stammen. Um mehr herauszufinden, startete die NASA im Frühjahr 2006 ihre Mission New Horizons. Die Raumsonde schafft 80000 Kilometer pro Stunde und soll Pluto 2015 erreichen, um Bilder zu knipsen und detaillierte Daten über Plutos Zusammensetzung, über die geologischen Kräfte, die seine Oberfläche gestalten, und über seine Atmosphäre zu sammeln.

Fakten zum Angeben

- *Astronomen entdeckten 1978, dass Pluto einen Begleiter hat, der halb so groß ist wie er selbst. Man nannte ihn Charon. Mit dem Einsatz des Hubble-Teleskops 2005 fand man noch zwei weitere Satelliten namens Nix und Hydra. Alle vier Objekte könnten Fragmente eines ehemaligen Felsbrockens gewesen sein.*
- *Eris war eigentlich Xena genannt worden, inspiriert von der Hauptdarstellerin der Fernsehserie* Xena – Die Kriegerprinzessin, *gespielt von der Schauspielerin Lucy Lawless. Sie wurde dann in Eris umbenannt (nach der griechischen Göttin des Streits und der Zwietracht), aber ihr Mond hält die Verbindung zur Fernsehserie aufrecht:* Dysnomia *bedeutet gesetzlos («lawless»).*

KOMETEN

Basics

Kometen sind die Bummler des Sonnensystems. Als Überbleibsel des Rohmaterials, aus dem sich die Planeten bildeten, sind sie lose, unregelmäßig geformte Klumpen aus Eis, Staub und kleinen Felsbrocken, die einen Durchmesser von bis zu sechzehn Kilometern haben.

Meistens ähneln die Kometen Asteroiden. (Und in der Tat könnten manche Asteroiden tote Kometen sein.) Aber wenn ein Komet in einigen hundert Millionen Kilometern Entfernung an der Sonne vorbeifliegt, verdunstet die Sonneneinstrahlung das Eis auf seiner Oberfläche in eine Wolke, die sich bis zu einer Länge von 100 000 Kilometern ausdehnen kann. Hinzu kommt ein blauer Schweif, der bis zu 100 Millionen Kilometer lang werden kann.

Manche Kometen brauchen nur wenige Jahre, um die Sonne zu umkreisen. Diese Projekte stammen vermutlich aus dem Kuipergürtel oder aus der gestreuten Wolke jenseits des Gürtels, wo sich die eisigen Felsbrocken jenseits von Neptun gruppenweise tummeln. Kollisionen mit anderen Kometen oder die Gravitation der äußeren Planeten könnten sie in das innere Sonnensystem schubsen.

Kometen reisen häufig in annähernd elliptischen Umlaufbahnen, und auf einem Abschnitt dieser Bahn kommen sie der Sonne recht nahe. Oder sie kommen auf ihrem Weg aus dem Sonnensystem heraus nur einmal dort vorbei. Forscher vermuten, diese vereinzelten Besucher stammten aus einer noch weiter entfernten Region, nämlich aus der sogenannten Oort'schen Wolke, die 100-mal weiter entfernt ist als der Kuipergürtel und wo Kometen von der Gravitationsanziehung benachbarter Sterne abhängig sind.

Grenzen des Wissens

Stets haben die Menschen Kometen am Himmel gesehen. Von alters her galten sie als Omen. Selbst heute wissen wir recht wenig über sie. So kennen wir nicht einmal ihren genauen Eisgehalt. Sie gehören zu den dunkelsten Objekten im Weltall. Die NASA-Sonde Deep Space 1 flog 2001 am Kometen Borrelly vorbei und bestätigte, dass dessen Oberfläche mehr Licht absorbiert als Asphalt. 2005 feuerte die NASA-Mission Deep Impact einen waschmaschinengroßen, sogenannten Impaktor (etwa: Aufprallgeschoss) in den Kometen Tempel 1. Die Explosion entsprach 5 Tonnen TNT und beförderte mehr als 1000 Tonnen Kometenmaterial ins All. Die Wissenschaftler folgerten daraus, dass der Komet zu ungefähr 75 Prozent aus leerem Raum mit der Konsistenz von Zitronenbaiser bestand. Mhhh … Zitronenbaiser.

Fakten zum Angeben

- Kometen stoßen häufig mit Planeten und mit anderen Körpern auf Umlaufbahnen zusammen. Der Komet Shoemaker-Levy zerbrach in viele hundert Stücke, bevor er 1994 auf den Jupiter stürzte. Wissenschaftler glauben, ein Bruchstück des Kometen Encke könnte 1908 das Tunguska-Ereignis verursacht haben, das Bäume platt walzte und ein Gebiet von rund 1500 Quadratkilometern vernichtete.
- Kometen verlieren mit jeder Umrundung Masse, was sich jähr-

lich auf Material von etwa einem Meter achtzig Länge beläuft. Der Komet Borrelly, der die Sonne alle sieben Jahre umrundet, hat einen Durchmesser von 3,2 Kilometern, und falls er weiter auf seinem Pfad bleibt, wird er in 6000 Jahren auf nichts zusammengeschrumpft sein.

KAPITEL SECHS

DAS GEHEIME LEBEN DER STERNE

STERNE

Basics

Sterne sehen aus wie Punkte am Himmel, aber Astronomen können Alter, Masse und Zusammensetzung von Sternen herausfinden, indem sie deren Bewegung durchs Weltall verfolgen und das Licht untersuchen, das von ihnen kommt. Bricht man Sternenlicht in einem Prisma, kommen die Elemente zum Vorschein, die im Stern vorhanden sind und Licht unterschiedlicher Wellenlängen absorbieren. Das war die ursprüngliche Methode, Sterne zu klassifizieren.

Heute wissen die Astronomen, dass die meisten Eigenschaften von Sternen mit ihrer Masse verknüpft sind. Je größer ein Stern ist, desto heißer und schneller brennt er. Die kühlsten Sterne sind rot glühend, Sterne mit mittleren Temperaturen sind weiß und gelb, während die heißesten und am seltensten vorkommenden Sterne blau oder bläulich weiß scheinen. Größere Sterne geben mehr Licht ab, sodass blaue Sterne zu den hellsten zählen und rote Sterne am mattesten sind.

Solange im Kern eines Sterns Wasserstoff zu Helium verschmilzt, ist der Stern davor gefeit, unter seinem eigenen Gewicht zu schrumpfen. Die meisten Sterne verbringen 90 Prozent ihrer Lebenszeit – im Wesentlichen ihr Erwachsenenalter – damit, Wasserstoff zu verbrennen. Astronomen sprechen dann von einem «Hauptreihenstern».

Die größten Sterne, Blaue Superriesen genannt, leben schnell und sterben langsam. Sie verbrennen ihren Kernbrennstoff in ungefähr einer Million Jahren. Die als Rote Zwerge bezeichneten Sterne sind die kleinsten, sie brennen schwach und langsam viele Dutzend und gar viele hundert Milliarden Jahre lang. Kleinere Sterne werden häufiger geboren als große. Bedenkt man ihre längere Lebensspanne, übertreffen sie zahlenmäßig die größeren Sterne erheblich.

Grenzen des Wissens

Da Astronomen wissen, wie man Sterne in verschiedene Kategorien einteilt, können sie die Entfernung zu den Sternen ableiten, die sie mit ihren Teleskopen entdecken. Gelingt es ihnen, die Masse eines Sterns auszurechnen, wissen sie, wie viel Licht er erzeugen muss, sodass seine scheinbare Helligkeit ihnen sagen kann, wie weit entfernt der Stern ist. Die «absolute Helligkeit» eines Sterns ist dadurch definiert, wie hell er auf der Erde bei einer Entfernung von 10 Parsec (Parallaxensekunden) oder 32,6 Lichtjahren erscheinen würde.

Astronomen berechnen die Entfernung, indem sie nach Sternen Ausschau halten, die wahrscheinlich stets dieselbe absolute Helligkeit haben und deshalb Standardkerzen genannt werden. Wie eine 60-Watt-Birne leuchtet eine Standardkerze immer schwächer, je weiter entfernt sie ist. Ein Beispiel sind die Cepheiden, auch veränderliche Sterne genannt. Sie gehören zu den Sternen, die sich regelmäßig ausdehnen und zusammenziehen. Ein weiteres Beispiel sind explodierende Sterne, die als Supernovae vom Typ Ia bezeichnet werden und die stets den gleichen Energiebetrag abzugeben scheinen.

Fakten zum Angeben

• *Aufgrund von Turbulenzen in der Erdatmosphäre sieht es so aus, als ob Sterne funkeln. Astronomen müssen diesen Störungen* in jeder Linse eines erdgestützten Teleskops, deren Durchmesser 10 Zentimeter überschreitet, Rechnung tragen.

- Die meisten Sterne sind zwischen einer Milliarde und zehn Milliarden Jahre alt. Der älteste, je entdeckte Stern namens HE 1523–0901 ist schätzungsweise 13,2 Milliarden Jahre alt, womit er *fast* so alt ist wie das Universum selbst.

NEBEL

Basics

In Science-Fiction-Filmen fliegen Raumschiffe stets in einen Nebel hinein. Aber man kriegt nie zu hören, was Nebel eigentlich wirklich sind. Wir wollen das jetzt nachholen. Schauen Sie, nur ein Zehntel der Atome in der Galaxie sind an die Sterne und an deren Planeten gebunden. Die restlichen 90 Prozent bilden einen dünnen Schleier aus Gas und Staub, der interstellares Medium genannt wird. Die sichtbaren Teile des Mediums sind ausgedehnte Wolken, die Nebel genannt werden und die sich über Tausende von Lichtjahren erstrecken können.

Sterne entstehen aus dem interstellaren Medium, insbesondere aus Wolken kalter Wasserstoffmoleküle. Erhält die Wolke den richtigen Anstoß, zum Beispiel den Ruck eines vorbeiziehenden Sterns oder die Druckwelle einer Supernova, zerfällt sie in kleinere Klümpchen, die sich verdichten, um Sterne zu bilden. Solange das Fragment dieser Wolke mindestens 8 Prozent der Masse unserer Sonne hat, wird es im Lauf einiger Millionen Jahre zu einer dichter Kugel kondensieren, die in der Lage ist, Wasserstoff in Helium umzuschmelzen. Gaskugeln, die das 8-Prozent-Limit nicht einhalten, sind dazu verurteilt, Braune Zwerge zu werden, «gescheiterte Sterne», die eventuell einige Dutzend Millionen Jahre schwach vor sich hin glimmen werden.

Da Sterne in den Wasserstoffwolken entstehen, geben sie ultraviolettes Licht ab, das das Gas in der Umgebung ionisiert, sodass es sichtbar glüht und einen wunderbaren Anblick bieten, der zum Schönsten gehört, was die Astronomie zu bieten hat. Diese hellen Nebel werden HII-Regionen oder Emissionsnebel genannt.

Grenzen des Wissens

Wenn Sterne altern und sterben, kehren sie zum interstellaren Medium zurück, indem sie entweder ihre äußere Hülle ins Weltall abwerfen oder, im Fall Roter Riesen, ihre Materie weit hinaussprengen, wenn sie zur Supernova werden. Diese Ausbrüche bereichern die nächste Sternengeneration mit chemischen Elementen. Wenn sich heute Sterne bilden, bestehen sie, wenn man von ihrer Masse ausgeht, aus ungefähr 70 Prozent Wasserstoff, 28 Prozent Helium und einem kleinen Bruchteil schwererer Elemente. Im Lauf der Zeit wird der Heliumanteil in neu entstandenen Sternen zunehmen. Nach Schätzungen von Forschern beginnen Sterne schließlich ihr Leben mit einem sechzigprozentigen Heliumanteil.

Fakten zum Angeben

- *Emissionsnebel sind die sichtbare Spitze der sie umgebenden Wasserstoffwolken, die durchgehendes Licht absorbieren, was sie zu dunkel macht, um sichtbar zu sein, er sei denn, man betrachtet sie vor der Kulisse anderer Nebel.*
- *Supernovae geben eine Menge Staub ab – verrußte Moleküle aus Kohlenstoff, Silizium und Sauerstoff –, der im Weltall schwebt und den Astronomen die Sicht verdirbt. Nach einer 2008 unternommenen Schätzung würde das Universum doppelt so hell sein wie heute, wenn sich der Staub wegfegen ließe.*
- *Streifen und andere sichtbare Strukturen in Nebeln könnten das Produkt von Magnetfeldern sein, die sich durchs Weltall drehen und winden, fortgetragen vom stellaren Wind heißer Sterne.*

ROTE RIESEN

Basics

Wenn einem Stern die Wasserstoff-Brennvorräte ausgehen, hängt der nächste Schritt von seiner Masse ab. Das Schicksal eines Sterns wie unserer Sonne ist die Aufblähung zu einem gewaltigen Roten Riesen, der einige hundert Mal größer als ursprünglich, aber wesentlich kühler ist. Diese Umwandlung geschieht, weil der Stern damit beginnt, Wasserstoff zu verbrennen, der sich in einer Hülle um den Kern herum befindet.

Der neu brennende Wasserstoff erweitert die äußere Hülle des Sterns, die auf eine Temperatur von rund 5000 Grad Celsius abkühlt, allmählich abfließt und einen planetarischen Nebel bildet. Ein Roter Riese kann auf diese Weise bis zu ein Drittel seiner Masse verlieren. Manche Rote Riesen schrumpfen wieder, wenn Helium im Kern zu neuen Elementen verschmilzt. Wenn dann die neue Brennstoffquelle wieder versiegt, dehnen sie sich erneut aus. Die Masse eines Sterns entscheidet, ob er mehrfach Rote-Riesen-Phasen durchläuft.

Sterne, die mehr Masse haben als zehn Sonnen, dehnen sich zu Roten Superriesen aus und werden bis zu 1500 Mal so groß wie die Sonne, was sie, hinsichtlich ihres Volumens, zu den größten Sternen im Universum macht, wenngleich sie dabei nicht unbedingt auch die massereichsten sein müssen. Die Sterne Betelgeuse und Antares sind Beispiele für Rote Superriesen. Die kleinsten Sterne schaffen es gar nicht bis zur Phase eines Roten Riesen. Wenn sie ihren Wasserstoff verbrannt haben, kühlen sie allmählich ab und schrumpfen zu Roten Zwergen.

Grenzen des Wissens

Die Rote-Riesen-Phase bedeutet Vernichtung für jeden Planeten, der den aufgeblähten Stern nahe genug umkreist, um von ihm verschlungen zu werden. Die Experten sind sich einig, dass sich unsere Sonne bei der Umwandlung in einen Roten Riesen in 7,6 Milliarden Jahren über die augenblickliche Umlaufbahn der Erde hinaus ausdehnen wird. Über den Verbleib der Erde zu diesem Zeitpunkt gibt es keine übereinstimmende Meinung. Die Sonne wird dann ungefähr ein Drittel ihrer Masse verlieren, was zu einer Erweiterung der Erdumlaufbahn führen könnte. Aber die abgeworfene Sonnenmaterie könnte an der Erde zerren und sie näher an sich heranziehen. Egal, was passiert: Das Leben würde ausgelöscht werden. Die Strahlung der expandierten Sonne würde die Erde verbrennen.

Fakten zum Angeben

- *2007 entdeckten Astronomen den ersten Planeten, der einen Stern umkreiste, der die Phase eines Roten Riesen durchlaufen hatte. Wahrscheinlich überlebte er eine flüchtige Berührung mit seinem Stern V391 Pegasi, obwohl er ihn zuvor, wie man glaubt, in ungefähr derselben Entfernung umkreist hatte wie die Erde die Sonne.*
- *Der nächste Rote Superriese ist Betelgeuse (manchmal ausgesprochen wie der Film: «Beetle Juice»), in 600 Lichtjahren Entfernung. Er ist der Stern, der nach der Sonne am größten am Himmel erscheint.*

WEISSE ZWERGE

Basics

Wenn ein Stern die Phase des Roten Riesen durchläuft, stößt er den größten Teil seiner Masse in einer Wolke ab, die planetarischer Nebel genannt wird. Der Kern des Sterns bleibt erhalten, aber seine Masse ist danach auf viel kleinerem Raum zusammengequetscht. Dabei findet eine Umwandlung in einen heißen, dichten Stern statt, den man Weißer Zwerg nennt. Weiße Zwerge haben normalerweise eine halbe Sonnenmasse, sind aber nur geringfügig größer als die Erde.

Wenn im Kern kein nuklearer Brennstoff mehr verbrannt wird, quetscht die Gravitation die Atome allmählich zusammen, bis ein Vorgang namens Entartungsdruck einsetzt und den Prozess anhält. Abgesehen von der gegenseitigen elektrischen Abstoßung der Elektronen, lehnen es die Atome auch schlicht und einfach ab, denselben Platz einzunehmen, was schließlich den Kollaps des Weißen Zwergs stoppt. Das ganze Zerquetschen heizt den Zwerg auf eine Temperatur von einigen hunderttausend Grad auf.

Der Entartungsdruck führt zu einer seltsamen Konsequenz: Je massereicher ein Weißer Zwerg ist, umso kleiner muss er sein, damit seine Elektronen genügend Widerstand leisten können, um der Gravitation entgegenwirken zu können. Sollte ein Weißer Zwerg allerdings zu viel Masse anhäufen, durchlaufen seine Atome noch eine weitere Umwandlung. Das Masselimit liegt bei 1,4 Sonnenmassen, nach dem indischen Physiker Subrahmanyan Chandrasekhar auch Chandrasekhar-Grenze genannt.

Weiße Zwerge machen ungefähr 6 Prozent der benachbarten Sterne aus, aber sie sind schwer zu entdecken, weil sie nicht sehr viel Licht abgeben. Wissenschaftler glauben, dass etwa 97 Prozent der Sterne in der Milchstraße als Weiße Zwerge enden werden.

Grenzen des Wissens

Weiße Zwerge klammern sich ziemlich an ihre Wärme. Die in ihrem Inneren zerdrückten Elektronen sollten die Wärme eigentlich recht gut leiten, dennoch vermuten die Forscher, dass die Oberfläche eines Weißen Zwergs aus einer etwa 50 Kilometer dicken Kohlenstoff- und Sauerstoffkruste besteht. Diese Oberflächenschicht hält die Energie davon ab, als Strahlung zu entweichen. Im Lauf vieler Jahrmilliarden sollte sich ein Weißer Zwerg allmählich rot färben und zu einem Schwarzen Zwerg verblassen. Aber selbst 13,7 Milliarden Jahre nach dem Urknall sind sich die Forscher ziemlich sicher, dass sogar die ältesten Weißen Zwerge immer noch eine Temperatur von vielen tausend Grad haben.

Fakten zum Angeben

- *Wenn Sie auf der Erde 150 Pfund wiegen, würden Sie auf der Oberfläche eines Weißen Zwergs 150 000 Tonnen wiegen.*
- *Die meisten Weißen Zwerge müssten eigentlich aus Kohlenstoff und Sauerstoff bestehen, weil die Hauptreihensterne, aus denen sie entstehen, normalerweise nicht groß genug wären, um schwerere Element zu erzeugen.*
- *Weiße Zwerge haben Atmosphären fast reinen Wasserstoffs oder Heliums. (Schwerere Elemente würden zum größten Teil unter die Oberfläche sinken.) Aber die starke Gravitation des Sterns würde dafür sorgen, dass diese Art von Atmosphäre auf die Höhe eines irdischen Wolkenkratzers beschränkt wäre.*

SUPERNOVAE

Basics

Und hier kommt endlich das, worauf Sie gewartet haben: Explosionen. Wenn einem ausreichend großen Stern der nukleare Brennstoff ausgeht, gibt es einen verheerenden Zusammenbruch des Kerns, was zu einer gewaltigen Explosion führt, die man Supernova nennt. Ein paar Minuten lang kann eine Supernova ganze Galaxien überstrahlen, wobei sie so viel Energie abgibt wie die Sonne in ihrer gesamten Lebenszeit. Danach verblasst sie im Lauf einiger Wochen oder Monate.

Wenn der Kern zusammenbricht, breitet sich eine Schockwelle aus, die die äußere Hülle des Sterns auseinanderreißt, sodass sie mit einigen Zehnteln Lichtgeschwindigkeit fortfliegt. Sobald Sterne in dieses fortgeschrittene Alter gekommen sind, haben sie meistens eine Wolke aus Gas um sich herum versammelt, das aus dem Stern ausgetreten ist. Die Schockwelle wühlt sich nun durch dieses Material und erzeugt eine Menge sichtbares und ultraviolettes Licht sowie Röntgenstrahlen. Gas und Staub dehnen sich kontinuierlich aus und bilden das, was man ein Supernovarelikt nennt.

Es gibt unterschiedliche Supernovatypen, was davon abhängt, welche Art von Stern explodiert. Supernovae vom Typ II lassen den Tod von Sternen gewaltiger erscheinen als acht Sonnen. Der Supernovatyp I findet statt, wenn ein Weißer Zwerg Materie von einem benachbarten Stern aufsaugt und dabei eine unkontrollierbare Kernreaktion auslöst.

Supernovarelikte bereichern das interstellare Medium, das

Gas und den Staub zwischen Sternen, mit schweren Elementen, die als Rohmaterial für Planeten dienen. Die sich ausbreitende Schockwelle kann außerdem die Bildung eines neuen Sterns auslösen, sollte sie durch eine Wasserstoffwolke gehen.

Grenzen des Wissens

Astronomen entdecken Supernovae anhand ihres sichtbaren Nachglühens. Lange Zeit glaubten sie, diesem Glühen ginge ein Blitz oder Ausbruch von Röntgenstrahlen voraus, wenn der explodierende Stern in das ihn umgebende Gas knallt. 2008 ertappten die Forscher schließlich eine Supernova auf frischer Tat und konnten dieses Modell bestätigen, als sie eine Explosion von Röntgenstrahlen in 88 Millionen Lichtjahren Entfernung beobachteten. Ein paar Monate später wurden andere Wissenschaftler Zeugen, wie eine weitere Supernova sich auf ihren Ausbruch vorbereitete. Ein helles Aufglühen ultravioletten Lichts wies darauf hin, dass die Temperatur des Sterns steil anstieg, bevor er explodierte.

Fakten zum Angeben

- *Nach Schätzungen der Experten sollten sich in der Milchstraße ungefähr drei Supernovae pro Jahrhundert ereignen, doch es könnte sein, dass die Sicht auf etliche von ihnen versperrt ist.*
- *2006 beobachteten Astronomen die hellste Supernova aller Zeiten. Sie wurde 2006gy genannt und brannte erstaunliche drei Monate lang 100-mal heller als eine typische Supernova. Auch acht Monate später war sie noch immer gut dabei. Der explodierende Stern hat vermutlich so viel gewogen wie 100 Sonnen.*

NEUTRONENSTERNE UND PULSARE

Basics

Nachdem ein Stern zur Supernova geworden ist, wird sein Kern zusammenbrechen und sich zu etwas entwickeln, das noch exotischer ist als ein Weißer Zwerg. Eine Masse von bis zu zwei Sternen wird zu einer Kugel zusammengequetscht, deren Durchmesser nur 19,2 Kilometer beträgt – ein derart dichter Zustand, dass Protonen und Elektronen zu Neutronen verschmelzen. Das Ergebnis ist ein Neutronenstern. Er ist wesentlich dichter als ein Weißer Zwerg. Ein Teelöffel Neutronensternmaterie wiegt eine Milliarde Tonnen.

Neutronensterne werden am häufigsten als Pulsare beobachtet, dauerhafte Quellen von Radiowellen oder anderer Strahlung, die wie ein Leuchtturm in regelmäßigen Abständen pulsiert. Es gibt Pulsare, weil Neutronensterne rasch rotieren und starke Magentfelder besitzen, die geladene Teilchen in Zwillingsströmen auf annähernde Lichtgeschwindigkeit beschleunigen. Die Ströme werden von den Polen des Neutronensterns herausgeschleudert. Aber wie es bei der Erde der Fall ist, können die Magnetpole von der Rotationsachse versetzt werden, sodass sich die Strahlen wie Wasserfontänen aus einem Rasensprenger ineinander verquirlen.

Pulsare können viele hundert Mal pro Sekunde rotieren. 1982 entdeckten Wissenschaftler einen Pulsar mit einer Rotationsperiode von nur 1,6 Millisekunden. Aber mit zunehmendem Alter rotiert ein Pulsar nur noch alle paar Sekunden einmal.

Manche Pulsare geben Röntgenstrahlen ab. Der berühmte

Krebsnebel, das Überbleibsel einer 1054 n. Chr. beobachteten Supernova, hat in seinem Kern einen Röntgenpulsar.

Grenzen des Wissens

Die Astronomen haben ungefähr 2000 Neutronensterne gefunden, 1500 Pulsare eingeschlossen. Üblicherweise waren sie in Supernovarelikten verborgen, manchmal wurden sie aber auch allein entdeckt, oder zwei und mehr umkreisten einander in Gruppen. Der nächstgelegene, uns bekannte Neutronenstern heißt PSR J0108–1431 und liegt 280 Lichtjahre von der Erde entfernt. Ungefähr fünf Prozent der Neutronensterne werden in Binärsystemen gefunden und umkreisen Sterne, Weiße Zwerge, andere Neutronensterne und sogar Schwarze Löcher.

Zwillingspulsarsysteme, in denen ein Pulsar einen anderen umkreist, stellen für die Forscher eine einzigartige Gelegenheit dar, Einsteins allgemeine Relativitätstheorie in Fällen zu testen, in denen die Gravitation ungewöhnlich stark ist. Sie vermuten, diese Systeme könnten eine Hauptquelle von Gravitationswellen sein, Kräuselungen in der Raumzeit, die sich mit Lichtgeschwindigkeit ausbreiten.

Fakten zum Angeben

- *Pulsare rocken: Für das Cover ihres Debütalbums Unknown Pleasures von 1979 zeigte die englische Rockband Joy Division das Bild einer Radiowelle vom Pulsar CP 1919.*
- *Die ersten außerhalb des Sonnensystems entdeckten Planeten fand man in der Umgebung von Pulsaren. Ab 2008 wurde die Existenz von fünf Pulsar-Planeten bestätigt, die vermutlich felsige Kerne ehemaliger Gasriesen waren oder die von einer Supernova übriggebliebenen Anhäufungen von Festkörperspuren.*

GAMMASTRAHLENAUSBRÜCHE

Basics

Sollten Supernovae Ihnen nicht gewaltig genug sein, versuchen Sie es mal mit Gammastrahlenausbrüchen. Ungefähr einmal täglich gibt es an einem beliebigen Ort am Himmel einen weit entfernten Punkt, der intensiv scheint und bei dem Gammastrahlen im Spiel sind, die energiereichste Form elektromagnetischer Strahlung. Diese Gammastrahlenausbrüche dauern typischerweise nur wenige Sekunden, aber sie können auch nur eine Millisekunde kurz oder aber zwei Minuten lang sein. Nach dem Ausbruch folgt ein Nachleuchten, das von Strahlung im Bereich zwischen Röntgenstrahlen und Radiowellen verursacht wird.

Eine Zeitlang wussten die Wissenschaftler mit diesen Explosionen, die man nur im Weltall sehen kann, nichts anzufangen, weil die Erdatmosphäre Gammastrahlen absorbiert. Jeder Ausbruch setzt die kombinierte Energie von 1000 Sternen frei, die unserer Sonne ähneln – verglichen mit einer typischen Supernova also ein wesentlich gewaltigeres Ereignis. Satellitenbeobachtungen legen nahe, dass vor einigen Milliarden Jahren Ausbrüche in fernen Galaxien stattfanden. Vermutlich hat es sie sogar schon vor 13 Milliarden Jahren gegeben.

Das führende Modell der Gammastrahlenausbrüche behauptet, sie fänden statt, wenn der Kern eines massereichen, rasch rotierenden Sterns zusammenbricht und eine gigantische Supernova hervorbringt. Um einen Gammastrahlenausbruch zu erzeugen, muss ein explodierender Stern so viel wiegen wie 30 Sonnen oder mehr, wobei ein solcher Stern höchstwahrscheinlich in sich zusammenfallen und ein Schwarzes Loch bilden würde, ein derart dichtes Objekt, dass ihm nicht einmal mehr das Licht entkommen kann. Deshalb glauben die Experten, Gammastrahlenausbrüche seien die Geburtsschreie Schwarzer Löcher.

Grenzen des Wissens

Im Jahr 2003 bestätigten die Forscher, dass das Nachglühen eines nahegelegenen Ausbruchs dasselbe optische Spektrum hatte wie eine frühere Supernova, die man 1998 beobachten konnte. Und so glaubte man: Wenn das Ereignis wie eine Supernova daherkommt, dann muss es auch eine Supernova sein.

Verblüffend sind noch immer die Ausbrüche von der Dauer einiger Sekunden oder einer noch geringeren Zeitspanne. Sie tendieren dazu, aus älteren Galaxien zu kommen, wo heftigere Supernovae seltener auftreten. Die Experten vermuten, die kurzen Ereignisse geschehen, wenn ein Neutronensternpaar zusammenstößt und zu einem einzigen Himmelskörper verschmilzt. Im Sommer 2008 startete die NASA das Fermi-Gammastrahlen-Weltraumteleskop, um den Himmel nach Quellen für Gammastrahlen abzusuchen und sich die Ausbrüche genauer anschauen zu können.

Fakten zum Angeben

- *Der amerikanische Militärsatellit Vela 4 entdeckte 1967 zufällig den ersten Gammastrahlenausbruch, als er nach sowjetischen Verletzungen des 1963 abgeschlossenen Atomwaffensperrvertrags Ausschau hielt.*
- *Wissenschaftler schätzen, dass nur eine von 100 000 Supernovae stark genug ist, um einen Gammastrahlenausbruch zu erzeugen, was auf einen Ausbruch täglich hinausliefe. Und das stimmt mit den Fakten überein.*

SCHWARZE LÖCHER

Basics

Wenn ein Stern von mindestens 10 bis 15 Sonnenmassen in einer Supernova explodiert und einen genügend massereichen Kern (auch Relikt genannt) hinterlässt, ist das Ergebnis ein Schwarzes Loch, ein derart dichtes Objekt, dass ihm nicht einmal mehr das Licht entkommen kann. Ein Schwarzes Loch bildet sich, wenn Materie in ein so kleines Volumen gequetscht wird, dass seine Gravitationsanziehung jede denkbare Abstoßung zwischen Atomen oder subatomaren Teilchen bedeutungslos werden lässt. Die ganze Materie wird in einem Punkt von eigentlich null Volumen und unendlicher Dichte, der Singularität genannt wird, zerschmettert.

Die Gravitation im Bereich einer Singularität ist so stark, dass sie alles, was sich in einem bestimmten Abstand befindet, anzieht. Diese Entfernung ist der berühmt-berüchtigte Ereignishorizont. Was diesen Horizont überschreitet, kehrt nicht mehr zurück, nicht einmal das Licht, daher der Name Schwarzes Loch. Sollten Sie in ein Schwarzes Loch fallen, würden Sie von der heftigen Gravitation rasch zerrissen werden.

Die Entfernung zum Horizont entspricht dem sogenannten Schwarzschildradius, der angibt, wie klein man einen Stern (oder jedes beliebige Objekt) zusammendrücken muss, um ihn in ein Schwarzes Loch zu verwandeln. Der Schwarzschildradius für die Erde beträgt 9 Millimeter, für die Sonne knapp drei Kilometer. Das würde bedeuten, wenn eine bösartige außerirdische Zivilisation die Sonne durch ein Schwarzes Loch mit gleicher

Masse austauschte, würde die Erde zwar nicht von ihm angesaugt werden, aber es würde hier empfindlich kalt und dunkel werden.

Grenzen des Wissens

In Wirklichkeit können Schwarze Löcher eine ganze Menge Licht abgeben. Ein «aktives» Schwarzes Loch zeichnet sich dadurch aus, dass es die Materie in seiner Umgebung zu einer sich drehenden Scheibe, die sehr heiß wird und energiereiche Strahlung abgibt, zusammenzieht. Mit dem Röntgenteleskop Chandra in der Erdumlaufbahn können die Forscher Röntgenstrahlen, die aus diesen Scheiben stammen, aufspüren. Es gibt schätzungsweise 100 Millionen Schwarze Löcher in der Milchstraße, die im Bereich von 3 bis etwa 100 Sonnenmassen liegen. Der nahegelegenste Kandidat ist 1600 Lichtjahre von der Erde entfernt.

Fakten zum Angeben

- *Kleinere Schwarze Löcher sind tödlicher als große, denn wenn ein Schwarzes Loch an Masse gewinnt, nimmt es auch an Größe so sehr zu, dass seine Dichte genau genommen abnimmt und dadurch die Gravitationskraft reduziert wird.*
- *Schwarze Löcher können rotieren. Dabei absorbieren sie den Drehimpuls jeder Materie, die sie verschlingen.*
- *Niemand ist sich sicher, was in einer Singularität geschieht, weil Einsteins Theorie dort versagt. Die Experten glauben, Singularitäten seien stets von einem Ereignishorizont umgeben; sie seien sozusagen niemals «nackt».*

KAPITEL SIEBEN

SELTSAME MATERIE UND ENERGIE

ANTIMATERIE

Basics

Jedes subatomare Teilchen hat einen dunklen Zwilling, eine Art Schattenbild, das die gleiche Masse hat, aber in jeder anderen Hinsicht sein genaues Gegenteil ist. Sie werden Antiteilchen oder Antimaterie genannt. Antiteilchen werden im radioaktiven Betazerfall erzeugt und wenn Teilchen bei ausreichend hohen Energien zusammenstoßen. Wenn sich Materie und Antimaterie begegnen, löschen sie einander aus. Dabei kommt es zu einem Gammastrahlenausbruch, bei dem instabile Teilchen entstehen. (*Star Trek*-Fans werden sich erinnern, dass Antimaterie als Energiequelle für das Raumschiff *Enterprise* eingesetzt wird.)

Der offensichtlichste Unterschied zwischen einem Teilchen und seinem Antiteilchen ist die Ladung. Das Antiteilchen des Elektrons ist das positiv geladene Positron. Aber auch Neutronen und andere elektrisch neutrale Teilchen haben Antiteilchen.

Ein Universum aus Antimaterie wäre von unserem Weltall fast nicht zu unterscheiden. Positronen, Antiprotonen und Antineutronen würden sich zusammenfügen, um Antiwasserstoff, Antihelium und andere Antielemente zu erschaffen. Wissenschaftler aus Antimaterie würden dieselbe Gravitation, denselben Elektromagnetismus sowie alle anderen Kräfte entdecken.

Materie und Antimaterie zerstören einander, weil sich bei ihrer Zusammenkunft ihre entgegengesetzten Eigenschaften auslöschen. So ergeben zum Beispiel die negative Ladung des

Elektrons und die positive Ladung des Positrons null Ladung. Dem Universum erscheint das Paar wie reine Materie, die aufgrund der Einstein'schen Formel $E = mc^2$ gleichbedeutend mit Energie ist. Umgekehrt kann konzentrierte Energie Teilchen-Antiteilchen-Paare erzeugen.

Grenzen des Wissens

Im CERN, dem Europäischen Labor für Kernforschung, wurden 1995 erstmals Antiwasserstoffatome erzeugt – ganze neun Exemplare –, indem man Xenon mit Antiprotonen bombardierte. Bei den jüngsten Methoden springen ungefähr 199 Antiwasserstoffatome pro Sekunde heraus, indem man Positronen und Antiprotonen in einer Magnetfalle zusammenbringt. Dabei werden sie allerdings recht schnell vernichtet. Im CERN gab man kürzlich eine Schätzung ab, die darauf hinauslief, dass es zwei Milliarden Jahre dauern würde, um ein Gramm Antiwasserstoff herzustellen.

Fakten zum Angeben

- *Weil Antimaterie sich nur in Teilchenbeschleunigern erzeugen lässt, wurde sie schon die teuerste Substanz der Welt genannt. Ein Milligramm Antimaterie könnte etwa 235 Millionen Euro kosten.*
- *Eine Bombe aus Antimaterie könnte zerstörerischer sein als eine Atomwaffe. Die gegenseitige Vernichtung von Materie und Antimaterie wandelt 100 Prozent Masse in Energie um, verglichen mit 0,7 Prozent in einer Wasserstoffbombe.*

KOSMISCHE STRAHLUNG

Basics

Kosmische Strahlung sind geladene Teilchen, die von Explosionen außerhalb des Sonnensystems stammen und, mit reichlich Energie beladen, ständig auf die Erde herabregnen. Wenn sie auf die Erdatmosphäre treffen, explodieren sie wie Feuerwerkskörper in Schauern energiereicher Teilchen. Etwa 90 Prozent aller eintreffenden kosmischen Strahlung sind Protonen, 9 Prozent Heliumkerne und 1 Prozent schwerere Kerne, zu denen seltene Elemente und Isotope gehören.

Kosmische Strahlung bezieht ihre Energie von Magnetfeldern in Galaxien und vom Magnetfeld der Sonne, aber diese Felder stören auch deren Flugbahnen, sodass ihre Quellen schwer zurückzuverfolgen sind. Manche müssen von der Sonne kommen, weil die Zahl der eintreffenden kosmischen Strahlung nach einer Sonneneruption zunimmt. Diese Strahlung bewegt sich mit 80 Prozent der Lichtgeschwindigkeit und wäre für künftige Astronauten, die zum Mars oder darüber hinaus reisen wollen, potenziell tödlich.

Die meiste kosmische Strahlung stammt vermutlich von Supernovae, den Explosionen sterbender Sterne. Bei solchen Explosionen wird nicht unbedingt buchstäblich kosmische Strahlung herausgeschossen. Stattdessen entsteht dabei eine expandierende Plasmawolke, die man ein Relikt nennt und die viele tausend Jahre Bestand hat. Geladene Teilchen scheppern in dem Magnetfeld des Relikts herum, und manche von ihnen nehmen genügend Fahrt auf, um sich zu befreien.

Grenzen des Wissens

Wenn kosmische Strahlung auf die Atmosphäre trifft, werden kurzlebige Teilchen, die man Myonen nennt, erzeugt. Jede Minute fallen ungefähr 10 000 Myonen auf jeden Quadratmeter Erde. Sie können einige Meter tief in den Erdboden eindringen, es sei denn, dichte Elemente blockieren ihren Pfad. Forscher am Los Alamos National Laboratory entwickeln eine Technik, die Myonen benutzt, um illegale Kernbrennstoffe aufzuspüren. Man legt eine Probe in ein Myon-Erkennungssystem, das Geschwindigkeit und Flugbahn der Myonen misst, die in den Apparat eintreten, sodass man die wahrscheinliche Zusammensetzung der Probe analysieren kann. Man muss zwar eine Weile warten, bis genügend Myonen durchgegangen sind, aber zumindest muss man keine gefährlichen Röntgenstrahlen einsetzen.

Fakten zum Angeben

- *Die stärkste kosmische Strahlung ist mit der Energie eines kräftig geschlagenen Baseballs ausgestattet, was die Teilchenenergien, die wir auf der Erde erzeugen können, in den Schatten stellt. Die Wissenschaftler vermuten, diese ultrahohen Energiestrahlen könnten aus fernen aktiven Galaxien stammen, die offenbar enorme Schwarze Löcher beherbergen, die Materieklümpchen aufsaugen.*
- *Der schwache Mikrowellenschein im Weltall sollte eigentlich die Energie kosmischer Strahlung begrenzen, weil die Strahlung schließlich dazu übergehen könnte, die Mikrowellen zu zerstreuen.*

NEUTRINOS

Basics

Das Neutrino ist ein geisterhaftes Elementarteilchen, das keine elektrische Ladung und eine kaum erwähnenswerte Masse hat. Es bewegt sich mit Lichtgeschwindigkeit fort und kann – sozusagen als Verwandter des Elektrons – durch gewöhnliche Materie hindurchgehen, ohne eine Spur zu hinterlassen. In jeder Sekunde strömen einige Dutzend Milliarden Neutrinos durch jeden Quadratzentimeter unseres Körpers.

Neutrinos werden in Kernreaktionen in Sternen und im radioaktiven Betazerfall erzeugt. Als das Universum jung und heiß war, fanden solche Reaktionen in großem Maßstab statt, und die damals entstandenen Neutrinos schwirren noch heute herum. Diese «Relikt-Neutrinos» gehören zu den am häufigsten vorkommenden Teilchen im Weltall. Sie sind fast so reichlich vorhanden wie die ersten Photonen.

Eine weitere wichtige Neutrinoquelle ist die Sonne. Als Forscher in den 1960er Jahren erstmals Sonnen-Neutrinos verfolgten, entsprach das Ergebnis nur einem Drittel der erwarteten Menge. Das «Rätsel der Sonnen-Neutrinos» blieb jahrzehntelang ungelöst. Es stellte sich heraus, dass es drei unterschiedliche Arten von Neutrinos gibt, die sich obendrein im Flug gegenseitig ineinander umwandeln können.

Neutrinos sind so flüchtig, weil sie keine Ladung und wenig Masse haben. Atome können sie einzig und allein mit Hilfe der schwachen Kraft, die bei kurzen Reichweiten ins Spiel kommt, fühlen. Um ein Atom wahrzunehmen, muss ein Neutrino auf

Protonenbreite am Kern vorbeifliegen. Und da der Kern ohnehin schon recht winzig ist, geschieht dies nicht sehr häufig.

Grenzen des Wissens

Weil Neutrinos Materie mit Leichtigkeit durchdringen können, vermitteln sie den Forschern eine einzigartige Sicht auf Nischen des Universums, die sonst verborgen geblieben wären. Ice Cube, ein Observatorium für Hochenergie-Neutrinos, ist 2010 in der Nähe des Südpols fertiggestellt worden und besteht aus Tausenden lichtempfindlichen Detektoren, die unter dem Eis installiert wurden. Hochenergie-Neutrinos, die aus Regionen jenseits des Sonnensystems stammen, treffen hin und wieder auf ein Eisatom und geben dabei einen Lichtblitz ab, den die Detektoren aufspüren. Das Ziel von Ice Cube ist eine Neutrinokarte des Himmels, die Forschern ein besseres Verständnis extremer Umgebungen vermitteln kann. Supernovae sind ein gutes Beispiel, weil sie wahrscheinlich 99 Prozent ihrer Energie in Form von Neutrinos abgeben.

Fakten zum Angeben

- Der Kernphysiker Enrico Fermi prägte den Namen Neutrino, der auf Italienisch «klein und neutral» bedeutet. Der Physiker Wolfgang Pauli sagte seine Existenz schon 1931 voraus, um zu erklären, warum radioaktiver Zerfall mehr Energie zu verbrauchen als zu produzieren schien.
- Das radioaktive Kalium in unseren Knochen gibt etwa 400 Neutrinos pro Sekunde ab. In jeder Sekunde strömen fünfzig Milliarden Neutrinos aus radioaktiven Elementen in der Erde durch jeden menschlichen Körper.

DUNKLE MATERIE

Basics

Wie wir im ersten Kapitel bereits erwähnt haben, ist der größte Teil der Materie im Universum nicht der gewöhnliche Stoff, aus dem Atome gemacht sind. In Wirklichkeit ist es keine Art von Materie, wie wir sie heute kennen. Wir nennen sie Dunkle Materie, weil das Einzige, was wir über sie wissen, die Tatsache ist, dass sie Licht weder reflektiert noch absorbiert. Messungen der Mikrowellenstrahlung, die vom Urknall übrig blieb, weisen darauf hin, dass Dunkle Materie 23 Prozent des Universums ausmacht. Nur 4 Prozent des Weltalls bestehen aus sichtbarer oder «baryonischer» Materie.

Wie können wir denn wissen, ob es Dunkle Materie gbt, wenn wir sie nicht sehen können? Nun, irgendetwas veranlasst die Galaxien, sich seltsam zu verhalten. Spiralgalaxien wie die Milchstraße rotieren schneller in Richtung ihres Zentrums als zu den Enden ihrer Spiralarme, weil da draußen die Materie immer dünner wird. Aber der Unterschied in der Rotationsgeschwindigkeit ist geringer, als man erwarten sollte. Es scheint, als seien die Galaxien in zusätzliche Materie eingebettet, die sie schwerer beweglich machen.

Die Astronomen können lediglich sagen, dass Galaxien und Galaxienhaufen stets in Klecksen Dunkler Materie sitzen – wie die Lichtdekoration eines Weihnachtsbaums. Sie kommen zu diesem Ergebnis, indem sie nach dem Gravitationslinseneffekt bei Galaxien Ausschau halten. Das ist die Fokussierung des Lichts durch dichte Materieklumpen. Der bisher beste Beweis für Dunkle Materie stammt vom Bullet-Cluster (etwa: Geschosshaufen), einem Paar kollidierender Galaxienhaufen. Der Gravitationslinseneffekt des Haufens ist in zwei Klumpen, die von sichtbarer Materie abgesondert sind, am stärksten.

Grenzen des Wissens

Die Wissenschaftler glauben, Dunkle Materie müsse aus einer Art Teilchen-Schneesturm bestehen. Diese Teilchen fühlen, wie das Neutrino, nur die schwache Kraft, neigen aber noch weniger dazu, gegen Atomkerne zu stoßen. Man nennt diese hypothetischen Exzentriker schwach wechselwirkende massereiche Teilchen. Im Englischen wird daraus das Akronym WIMPs, was so viel wie Feigling oder Knalltüte bedeutet. (Physiker sind Spitze, wenn es um neue Akronyme geht.) Einer der WIMP-Kandidaten ist das Sneutrino, ein neutrinoähnliches Teilchen, das von der Supersymmetrie, einer vorgeschlagenen Erweiterung des Standardmodells, vorhergesagt wird

Entsprechende Experimente, die WIMPs entdecken könnten, sind in Vorbereitung. Und sollte das Sneutrino tatsächlich existieren, wird der Große Hadronen-Speicherring in der Nähe von Genf es womöglich in den kommenden Jahren entdecken.

Fakten zum Angeben

- *WIMPs würden, sollten sie denn existieren, mit einer Häufigkeit von ein paar Teilchen pro Liter pro Sekunde durch die Erde zischen. Wenn es WIMPs gäbe, könnten sie sich im Kern der Galaxie gegenseitig vernichten und dabei nachweisbare Gammastrahlen freisetzen.*
- *Einige Wissenschaftler haben vorgeschlagen, dass das, was wir Dunkle Materie nennen, in Wirklichkeit eine Veränderung*

der Gravitationskraft über weite Entfernungen hinweg ist. Aber mit dieser Vorstellung lassen sich sowohl der Gravitationslinseneffekt bei Galaxien als auch die Veränderungen im kosmischen Mikrowellenhintergrund nur schwer erklären.

VAKUUMENERGIE

Basics

Aus der Quantenmechanik geht hervor, dass es so etwas wie den leeren Raum nicht gibt. Selbst wenn man alle subatomaren Teilchen und Photonen aus einem Raumvolumen absaugen könnte, gäbe es immer noch das elektromagnetische Feld sowie andere Felder, über die wir später noch sprechen werden. Dem Unbestimmtheitsprinzip zufolge kann nichts völlig in Ruhe sein. Egal wie viel Energie man aus einem Feld abgesaugt hat, bei genauerem Hinsehen fänden Sie überall Inseln mit Energiefluktuationen.

Normalerweise müssten Sie ein subatomares Teilchen sein, um diese Vakuumfluktuationen zu bemerken, weil diese sich über Entfernungen, die größer sind als Teilchen, wieder ausgleichen. Bedenken Sie aber, dass nach der allgemeinen Relativitätstheorie Energie die Raumzeit krümmt. Diese Energie des leeren Raums wird Vakuumenergie oder Kosmologische Konstante genannt, und sie hat eine überraschende Auswirkung. Normale Masse und Energie üben Druck aus – sie wollen expandieren –, aber die Gravitation zwingt sie zusammen.

Die Vakuumenergie funktioniert umgekehrt. Sie hat negativen Druck. Das heißt, sie leistet Widerstand gegen eine Expansion ungefähr so wie Silly Putty (eine «intelligente» Knetmasse). Und in der allgemeinen Relativität bewirkt die Gravitation, dass ein Objekt mit negativem Druck nach außen expandiert. Im Gegensatz zu Materie kann Vakuumenergie nicht verdünnt werden. Sie ist gleichmäßig im Weltall verteilt. Je größer also das Universum und je verdünnter normale Materie wird, umso mehr Vakuumenergie wird dazu neigen, alles auseinanderzuschieben. Dieser Punkt wird später noch einmal wichtig werden, wenn wir über die Expansion des Universums sprechen werden.

Grenzen des Wissens

Belassen wir es vorerst dabei, dass Vakuumfluktuationen tatsächlich im Labor erschlossen werden können. In den 1960er Jahren rechnete der niederländische Physiker Hendrik Casimir Folgendes aus: Bringt man zwei elektrisch neutrale Metalloberflächen im Abstand einiger tausendstel Millimeter zueinander in einem Vakuum zusammen, heben sich einige der Fluktuationen in dem elektromagnetischen Feld zwischen den beiden Platten auf. Die Fluktuationen außerhalb der Platten blieben unverändert. Sie würden praktisch die Platten zusammenquetschen, als hätte der Luftdruck um die Platten herum zugenommen.

Fakten zum Angeben

- *Der Casimireffekt ist schwach: Wenn Oberflächen 10 Nanometer voneinander entfernt sind, was der Größe von 100 Atomen entspricht, wird eine Kraft von einer Atmosphäre Druck erzeugt.*
- *Es gibt Leute, die behaupten, die Vakuumenergie als Energiequelle angezapft zu haben, aber man sollte ihnen nicht glauben. Eine geringfügige Anziehung zwischen Metallplatten wird kaum die Energieprobleme der Welt lösen.*

KAPITEL ACHT

DIE MILCHSTRASSE UND WAS ES SONST NOCH GIBT

MILCHSTRASSE

Basics

Die Milchstraße ist unsere Heimatgalaxie. Sie ist eine Gruppe von rund 200 Milliarden Sternen, die um ein gemeinsames Zentrum kreisen. Fast alle mit dem bloßen Auge sichtbaren Objekte am Himmel gehören zur Milchstraße. Sie ist die gewaltige Region leuchtender Materie, die man nachts außerhalb der Städte sehen kann. Alles, was unsere Vorfahren mit Sicherheit wussten, war, dass sie aussah wie verschüttete Milch. Das Wort Galaxie stammt von dem altgriechischen Wort «*galaxias*» ab, was milchig bedeutet.

Galileo Galilei entdeckte als Erster die wahre Natur der Milchstraße, als er 1610 durch sein Teleskop blickte und bestätigte, dass das Leuchten eigentlich Sterne waren, die ineinander verschwommen waren. Heute wissen wir, dass die Milchstraße eine Art von Spiralgalaxie ist, die aus einer Scheibe aus Sternen besteht und einen Durchmesser von rund 100 000 Lichtjahren hat. Ausgehend vom galaktischen Zentrum, dehnen sich ihre Spiralarme wie ein Feuerrad aus. Die Milchstraße kommt uns wie eine glühender trüber Fleck vor, weil wir sie hochkant sehen und alle Sterne in einer Scheibe zusammengepackt sind.

Wir leben auf einem der kleineren Spiralarme, der Orion genannt wird. Die Sterne in diesem Spiralarm sind jünger und leuchten heller als die im galaktischen Zentrum, weil von hier aus kontinuierlich neue Sterne aus Gaswolken entstehen. Die ältesten Sterne in der Milchstraße bildeten sich vor 12 bis 13 Milliarden Jahren, aber manche Wissenschaftler glauben, die

Galaxie selbst sei sogar noch älter und aus dem ursprünglichen Gas des frühen Universums entstanden.

Grenzen des Wissens

Unmittelbar im Kern der Galaxie, mitten in der galaktischen Wölbung, liegt ein gewaltiges Schwarzes Loch, das 3 bis 4 Millionen Mal massereicher ist als unsere Sonne und einen Durchmesser von rund 16 Millionen Kilometern hat. Es wird Sagittarius A* («A-Stern») genannt. Die Forscher entdeckten es, als sie die Orbits der benachbarten Sterne untersuchten, die sich so schnell bewegten, dass es sich nur um ein außerordentlich massereiches Objekt handeln konnte, das sie umkreisten. 2006 fingen die Astronomen ein Röntgenbild von Sagittarius A* auf, dessen Auflösung so gut war, dass man vergleichsweise von der Erde aus einen Baseball auf dem Mond hätte sehen können.

Fakten zum Angeben

- *Die Sonne ist schätzungsweise 26 000 Lichtjahre vom galaktischen Zentrum entfernt und umkreist es mit einer Geschwindigkeit von 224 Kilometern pro Sekunde. Eine vollständige Umrundung sollte 226 Millionen Jahre dauern.*
- *Wissenschaftler halten bis zu 60 Prozent der Sterne in der Milchstraße für binäre Systeme, bei denen zwei Sterne oder Mehrfachsysteme von drei und mehr Sternen einander umkreisen.*
- *In der galaktischen Ebene, wo die Sonne beheimatet ist, beträgt der durchschnittliche Abstand zwischen Sternen einige Lichtjahre. Proxima Centauri, unser nächster Nachbarstern, ist ein Roter Zwerg und 4,2 Lichtjahre entfernt. Proximus oder proxima ist Lateinisch und bedeutet «nächstliegend».*

EXOPLANETEN

Basics

Die Wahrscheinlichkeit der Existenz außerirdischer Welten hat die Vorstellungskraft der Wissenschaftler jahrhundertelang inspiriert. Sollte es irgendwo anders noch Leben im Universum geben, wird man es gewiss auf einem fernen Planeten finden, der einen anderen Stern umkreist. 1995 entdeckten Wissenschaftler den ersten extrasolaren Planeten, der einen sonnenähnlichen Stern umkreiste: 51 Pegasi, 50 Lichtjahre entfernt. Bis 2008 hatten die Forscher 329 wahrscheinliche Exoplaneten gefunden, natürlich alle in unserer Galaxie. Allein 2007 wurden 61 neue Planeten entdeckt.

Die Experten glauben, dass 10 Prozent oder mehr Sterne Planeten haben könnten. Die meisten bis jetzt entdeckten Exoplaneten sind gewaltige Gasriesen, die bis zu einem Dutzend Mal massereicher sind als Jupiter, aber sonst dem größten Planeten unseres Sonnensystems durchaus ähneln sollen. Viele von ihnen wurden «heiße Jupiter» getauft. Sie bewegen sich auf einer nahen Umlaufbahn um ihren Mutterstern, der ihre Atmosphären auf hohe Temperaturen aufheizt.

Die geläufigste Methode, einen Exoplaneten aufzuspüren, liegt darin, nach dem Schwanken eines fernen Sterns Ausschau zu halten, da ein Planet im Orbit an ihm zerrt. Das Schwanken zeigt sich als periodische Verschiebung in der Farbe des Sternenlichts. Eine weitere Strategie besteht darin, nach einer Abschwächung des Sternenlichts zu suchen, wenn der Planet an seinem Stern vorbeizieht. Bei beiden Nachweismethoden werden bevorzugt massereiche Planeten, die wesentlich größer sind als die Erde, entdeckt.

Grenzen des Wissens

Bis November 2008 hatten die Astronomen nicht ein einziges Mal in überzeugender Manier einen Exoplaneten direkt aufgespürt. In jenem Monat aber bildeten die Forscher einen Gasriesen ab, der schätzungsweise die dreifache Jupitermasse hatte und den Stern Fomalhaut umkreiste, 25 Lichtjahre von uns entfernt. Er tauchte als winziger Lichtpunkt in Bildern des Hubble-Weltraumteleskops auf. Unabhängig von dieser Entdeckung erspähte ein zweites Team drei Gasriesen in der Umlaufbahn um den Stern HR 8799, die dem Vielfachen der Entfernung zwischen Erde und Sonne entsprach. Sie hatten sieben bis zehn Mal so viel Masse wie der Jupiter.

Fakten zum Angeben

- *Noch haben die Forscher keine Planeten mit Erdmasse entdeckt, aber sie haben eine Reihe von «Supererden» gefunden, potenziell felsige Planeten mit der fünf- bis zehnfachen Masse der Erde. Man schätzt, dass Supererden den extrasolaren Jupiter-Planeten im Verhältnis drei zu eins überlegen sein könnten.*
- *Der bewohnbarste bisher entdeckte Exoplanet heißt Gliese 581 d, der dritte Planet im System des Roten Zwergs Gliese 581, rund 20 Lichtjahre von der Erde entfernt.*
- *2007 wiesen Astronomen einen rekordverdächtigen fünften Planeten um den sonnenähnlichen Stern 55 Cancri nach, 40 Lichtjahre entfernt im Sternbild Krebs.*

STERNHAUFEN

Basics

Viele Millionen Sterne in der Milchstraße treten in Haufen auf. Das sind Gruppen von Sternen, die gemeinsam entstanden sind und durch die Gravitation miteinander verbunden bleiben. Die Forscher untersuchen diese Haufen, um ihre Theorien der Bildung und Entwicklung von Sternen zu überprüfen.

Offene Sternhaufen sind lose Gruppen von bis zu einigen hundert Sternen und haben einen Durchmesser von bis zu 30 Lichtjahren. Häufig beherbergen sie eine Menge heißer, junger, blauer Sterne. Offene Sternhaufen entstanden aus denselben Gas- und Staubwolken in den Spiralarmen, sodass sie noch etwas von dem ursprünglichen Gas, aus dem immer noch Sterne entstehen, zurückbehalten haben könnten. Das Ergebnis ist eine Mischung aus Sternentypen. Astronomen haben 1100 offene Sternhaufen in der Galaxie entdeckt, was ungefähr 1 Prozent aller hier vorhandenen Sterne repräsentiert. Offenbar lassen sich offene Sternhaufen leicht zerschlagen, denn sie verlieren ihre Sterne an das galaktische Zentrum.

Kugelsternhaufen hingegen können so viele Sterne wie eine kleine Galaxie enthalten (zwischen 10 000 und einigen Millionen). Sie sind in eine dichte Kugel mit einem Durchmeser von 200 Lichtjahren gepackt und bestehen aus uralten gelben und roten Sternen. Hinzu kommt gelegentlich ein «Blauer Nachzügler», ein junger blauer Stern, der vermutlich durch die Verschmelzung kleinerer Sterne entstanden ist. Da Kugelsternhaufen straffer gebunden sind als offene Sternhaufen, sind sie stabiler, neigen aber auch dazu, keine neuen Sterne mehr zu bilden. Astronomen haben 150 Kugelsternhaufen in der Milchstraße entdeckt, die grob in einer Kugel um das galaktische Zentrum verteilt sind.

Grenzen des Wissens

2005 haben Astronomen in der Andromedagalaxie, unserer 2,5 Millionen Lichtjahre entfernten Nachbargalaxie, eine dritte Art von Sternhaufen nachgewiesen. Diese mittleren Sternhaufen ähneln in der Zusammensetzung den Kugelsternhaufen. Sie enthalten Hunderttausende von Sternen, erstrecken sich aber über weit größere Regionen mit einigen hundert Lichtjahren Durchmesser, sodass sie weit weniger dicht sind als die Kugelsternhaufen. Die Milchstraße scheint keine solche Haufen zu haben, die die Lücke zwischen Kugelhaufen und «Zwerggalaxien» füllen.

Fakten zum Angeben

- *Kugelsternhaufen repräsentieren womöglich das früheste Stadium der Entstehung der Milchstraße und sind wahrscheinlich älter als die galaktische Scheibe.*
- *Der entfernteste je beobachtete Sternhaufen mit einigen hunderttausend Sternen befindet sich in ungefähr einer Milliarde Lichtjahre Distanz zu uns.*
- *Sobald ein offener Sternhaufen auseinandergebrochen ist, bewegen sich die zuvor gebundenen Sterne auf ähnlichen Bahnen durchs Weltall. Eine solche Gruppe wird Sternansammlung oder Bewegungsgruppe genannt. Die meisten Sterne im Sternbild Großer Wagen gehörten einmal zu einem offenen Sternhaufen.*

GALAXIEN

Basics

Erst in den 1920er Jahren konnten Astronomen bestätigen, dass spiralförmige Nebel in Wirklichkeit ferne Galaxien wie unsere eigene sind. Heute ist die Katalogisierung von Galaxien eine kleine Industrie geworden. Moderne Galaxienvermessungen deuten darauf hin, dass das Universum mehr als 400 Milliarden Galaxien enthält, deren Spannweite von Zwerggalaxien mit einem Hundertstel der Milchstraßengröße bis zu gigantischen elliptischen Galaxien reicht, die sich über Hunderttausende von Lichtjahren erstrecken. Jede einzelne beheimatet ein paar Millionen bis zu einer Billion Sterne.

Galaxien gibt es in drei grundlegenden Formen: als Spirale, als Ellipse oder in unregelmäßiger Form. Spiralgalaxien machen fast ein Drittel unserer Nachbargalaxien aus. Sie ähneln wachsenden Städten. Der Kern der Galaxie – die Innenstadt, wenn Sie so wollen – besteht aus Millionen älterer roter und oranger Sterne, die dicht in eine Kugel gepackt sind, die man galaktische Wölbung nennt. Die Spiralarme sind in dieser Analogie die Vorstädte, wo die Neubauten entstehen. Hier sind die Sterne jünger und heller. Außerdem bilden sich kontinuierlich neue Sterne aus Gaswolken.

Die meisten anderen Galaxien sind elliptisch oder rautenförmig. Sie tendieren zu einer Bevölkerung überwiegend älterer Sterne. Die Forscher glauben, sie seien das Ergebnis der Kollision und Verschmelzung von Spiralgalaxien. Riesige Ellipsen findet man häufig in der Nähe des Zentrums großer Galaxienhaufen. Unregelmäßige Galaxien, die auch als «eigenartig» gelten, befinden sich womöglich in den ersten Stadien der Verschmelzung mit einer anderen Galaxie.

Grenzen des Wissens

Die meisten Astronomen vermuten, große Galaxien hätten in ihrem Zentrum sogenannte supermassereiche Schwarze Löcher. Die Forscher sind sich nicht sicher, wie diese gigantischen Schwarzen Löcher entstehen. Sie könnten erstens von Schwarzen Löchern normaler Größe stammen, die langsam große Mengen Materie absorbieren; zweitens von Sternen, die so groß sind, dass sie direkt zu einem riesigen Schwarzen Loch kollabieren und keine Supernova hervorbringen; drittens von dichten Sternhaufen; oder sie könnten Relikte des extremen Drucks in den ersten Augenblicken nach dem Urknall sein. Die Masse des riesenhaften Schwarzen Lochs ist proportional zur Masse der Galaxie, was den Schluss nahelegt, dass es eine Rolle bei der Regulierung der Größe der Galaxie spielt.

Fakten zum Angeben

- *Wenn Sie einen Stern pro Sekunde zählen könnten, brauchten Sie 31 546 Jahre, um die eine Billion Sterne in einer gigantischen elliptischen Galaxie zu zählen. Verstehen Sie jetzt, warum man große Zahlen «astronomisch» nennt?*
- *Vor ungefähr acht Milliarden Jahren entstanden alle Sterne in größeren Galaxien. Seitdem haben die kleineren Galaxien die Lücke ausgefüllt. Die Experten nennen diese Umstellung Downsizing, und es könnte tatsächlich etwas mit dem Wachstum supermassereicher Schwarzer Löcher zu tun gehabt haben.*
- *Manche Galaxien sind lentikulär oder linsenförmig. Es könnten Spiralen sein, die den größten Teil ihrer Gas- und Staubhülle verloren haben.*

AKTIVE GALAXIEN

Basics

Ein paar der besten Beweise für Schwarze Löcher in großen Galaxien lassen sich auf die Existenz aktiver Galaxien zurückführen, deren Kerne viel mehr Energie abgeben, als man aufgrund ihrer Zusammensetzung aus Sternen, Gas und Staub erwarten würde. Diese Energie kann das ganze elektromagnetische Spektrum umfassen: von Radiowellen bis zu Gammastrahlen. Die berühmtesten aktiven Galaxien sind Quasare. Das ist die Abkürzung für quasistellare Objekte, die hell scheinen, wenngleich sie 12 Milliarden Lichtjahre entfernt sind.

Die Forscher haben lange geglaubt, dass aktive Galaxien ihre Energie von supermassereichen Schwarzen Löchern beziehen, die eine ausgedehnte Akkretionsscheibe aufgebaut haben. Wenn Materie ins Schwarze Loch fällt, wird ihre Energie als Wärme und elektromagnetische Strahlung abgegeben. Ungefähr 10 Prozent der aktiven Galaxienkerne bringen ein Paar Ultrahochgeschwindigkeits-Jets oder relativistische Jets geladener Teilchen hervor, die in entgegengesetzte Richtungen zeigen.

Eine maßgebliche Vorstellung behauptet, dass die Unterschiede zwischen aktiven Galaxien sich im Großen und Ganzen auf die Unterschiede in ihrer Richtung belaufen. Wenn die relativistischen Jets einer aktiven Galaxie auf uns gerichtet sind, ist das Ergebnis ein «Blasar», eine aktive Galaxie, die schwächer, aber energiereicher als ein Quasar ist und deren Ausstoß einige Minuten oder auch Tage lang vom Normalwert abweichen kann. Sogenannte Seyfertgalaxien, die weniger energiereich als Quasare, aber der Erde näher sind, könnten durchaus Quasare sein, die uns hochkant gegenüberstehen, sodass Gas und Staub um das zentrale Schwarze Loch einen Teil ihres Lichts blockieren.

Grenzen des Wissens

Bis Mitte der 1990er Jahre glaubten die Astronomen, aktive Galaxien seien ein Phänomen des frühen Universums und damals weit verbreitet, als die Galaxien noch links und rechts zusammenstießen. Die Anzahl der Quasare war vor ungefähr elf Milliarden Jahren offenbar am größten. Dann entdeckte man eine zuvor unbekannte Gruppe von Quasaren, verborgen unter Gas und Staub, die vor rund acht Milliarden Jahren aktiv waren. Einzeln betrachtet waren sie schwächer als frühere Quasare, aber ihr gemeinsames Glühen stellte ihre älteren Pendants in den Schatten, was darauf hinwies, dass Schwarze Löcher viel später anfingen, galaktisches Material aufzumampfen, als es sich die Forscher vorgestellt hatten.

Fakten zum Angeben

- *1918 beobachteten Astronomen einen Jet von 5000 Lichtjahren Durchmesser, der aus der aktiven Galaxie M87 ausstrahlte, einer gigantischen elliptischen Galaxie im Virgo(Jungfrau)-Galaxienhaufen, in 60 Lichtjahren Entfernung.*
- *Relativistische Jets scheinen die Lichtgeschwindigkeit zu überschreiten, wenn sie fast genau, aber geringfügig seitlich versetzt, in Richtung Erde zeigen.*
- *Bis in die späten 1980er Jahre hinein glaubten die Astronomen, Quasare könnten Weiße Löcher sein, umgekehrte Schwarze Löcher, die die ganze Energie ausspien, die das Schwarze Loch einfing.*

LOKALE GRUPPE UND GALAXIENHAUFEN

Basics

Galaxien sind keineswegs die größten Strukturen im Weltall. Galaxien finden in Gruppen, in Haufen und in noch größeren Strukturen zusammen, die Superhaufen genannt werden. Der Abstand zwischen Galaxien beträgt typischerweise einige Millionen Lichtjahre. Aber Sie erinnern sich, dass die Gravitation keine Grenzen kennt. Sie greift nach allen Dingen und zwingt die Galaxien in ihre wechselseitigen Umlaufbahnen, so wie sich die Sterne in Galaxien bewegen und sich die Planeten um Sterne drehen.

Eine sogenannte kompakte Galaxiengruppe ist klein und isoliert und enthält normalerweise weniger als 50 Galaxien. Unsere Heimatgalaxie, die Milchstraße, ist eine von ungefähr 40 Mitgliedern der sogenannten Lokalen Gruppe, die sich über sechs Millionen Lichtjahre hinweg ausdehnt. Dazu gehören die 2,6 Millionen Lichtjahre entfernte Andromeda-Galaxie und die Große Magellan'sche Wolke, eine Satellitengalaxie der Milchstraße in 169 000 Lichtjahren Entfernung. Man erwartet, dass die Lokale Gruppe noch viele Billionen Jahre intakt bleiben soll.

Ein Galaxienhaufen kann bis zu 1000 Galaxien beherbergen, aber sie sind typischerweise als Gruppe in dasselbe Volumen zusammengepfercht, sodass der Unterschied hauptsächlich etwas mit der Dichte zu tun hat. Jenseits der Lokalen Gruppe ist der Virgo-Galaxienhaufen, eine dichtere Ansammlung Hunderter Galaxien, die alle durcheinandergewürfelt sind. Der Coma-Galaxienhaufen ist sogar noch dichter, hat eine hübsche Kugelform und ist auf mehrere riesige elliptische Galaxien zentriert. Wie unsere Lokale Gruppe haben diese Galaxienhaufen die Größe von einigen Millionen Lichtjahren.

Grenzen des Wissens

Wissenschaftler schätzen, dass die Milchstraße mit der Andromeda-Galaxie in bereits zwei Milliarden Jahren zusammenstoßen und zu einer einzigen Galaxie verschmelzen wird. Als neuer Name wurde «Milkomeda» vorgeschlagen. Die Forscher kennen die Annäherungsgeschwindigkeit der beiden Nachbarn. Sie beträgt 120 Kilometer pro Sekunde. Womöglich bewegt sich Andromeda schnell genug seitwärts, um an uns vorbeizurauschen, wenn aber nicht, dann werden sich die beiden Galaxien ein oder zwei Mal gegenseitig durchdringen, bevor sie sich zu einer einzigen Galaxie zusammengefunden haben. Dieses gefährliche Zusammentreffen könnte unser Sonnensystem ohne weiteres in die entlegensten Ecken der Galaxie befördern. Eventuell werden wir sogar in Andromeda landen.

Fakten zum Angeben

- *Eine isolierte Galaxie wird Feldgalaxie genannt. Rund 5 Prozent der in den Vermessungen gefundenen Galaxien gehören zu diesem Typ. Sie können die Bildung von mehr Sternen unterstützen als andere Galaxien, weil sie ihr Gas nicht bei Wechselwirkungen mit anderen Galaxien verschwendet haben.*
- *Viele Bestandteile von Galaxienhaufen sind im Wesentlichen womöglich unsichtbar. Dazu gehören schwache Zwerggalaxien, die zu unscharf sind, um klare Beobachtungen vornehmen zu können, sowie «dunkle» Galaxien, deren Ausdehnung zu dünn ist, um Sterne hervorbringen zu können.*

EVOLUTION DER GALAXIEN

Basics

Die Forscher möchten gern verstehen, wie Galaxien zu den Formen verschmolzen, wie wir sie heute sehen. Aber die Bilder in den Teleskopen sind lediglich Schnappschüsse des Universums zu unterschiedlichen Augenblicken. Es ist so ähnlich, als betrachte man einmal alle hundert Jahre Luftaufnahmen der größten Städte der Welt. Um die Ursprünge der Galaxie zurückverfolgen zu können, bauen die Forscher immer leistungsstärkere Teleskope. Damit können sie immer weiter ins All hinausblicken, was gleichbedeutend ist mit einem Blick zurück in der Zeit.

Unter den lokalen Galaxien scheint nur eine von einer Million mit einer anderen Galaxie in Wechselwirkung zu treten. Weiter entfernte Galaxien erleben Zusammenstöße offenbar häufiger, was darauf hinweist, dass sie in der Frühzeit des Universums weiter verbreitet waren. Die Wissenschaftler glauben in der Tat, dass Fusionen zu den Antriebskräften der Galaxienevolution gehören. Der aktuellen Theorie zufolge fingen die Galaxien klein an und taten sich dann zusammen, was zu Spiralgalaxien führte. Wenn Spiralen verschmolzen, entwich das Gas in ihren Scheiben, und ihre Sterne wurden in kompliziertere Umlaufbahnen gestoßen. Das gemeinsame Endergebnis: eine elliptische Galaxie.

Unterstützt wird diese Vorstellung durch die Entdeckung gigantischer elliptischer Galaxien in der Mitte dichter Galaxienhaufen, wo Kollisionen wahrscheinlich sind. Die Kollisionstheorie erklärt außerdem, warum elliptische Galaxien tendenziell mit alten Sternen angefüllt sind, während in Spiralgalaxien noch immer Sterne entstehen. Die Spiralen müssen erst noch ihr Gas verlieren.

Grenzen des Wissens

Die NASA plant für 2013 den Start des James-Webb-Weltraumteleskops, des Nachfolgers des Hubble-Teleskops. Es sollte leistungsstark genug sein, um die ersten Galaxien nachzuweisen. Aber es wird damit das Bild des frühen Universums noch nicht vervollständigen. Denn das Weltall durchlief ein langes dunkles Zeitalter, bevor sich die ersten Galaxien bildeten. Leistungsfähige Radioteleskope sollen diese Ära bald erkunden.

Fakten zum Angeben

- Wenn Galaxien zusammenstoßen, kann das die Entstehungsrate von Sternen explosionsartig beschleunigen. Diese Phase dauert womöglich nur 10 Millionen Jahre. Im frühen Universum waren solche «Sternenausbrüche» ganz geläufig, allerdings schätzen die Forscher ihren Anteil an der Entstehung von Sternen auf immer noch 15 Prozent.
- Die Milchstraße ist eine Kannibalin. Sie verschlingt kleinere Zwerggalaxien, die ihren Weg kreuzen. Eine ist ein Sternenband, das Virgo-Strom genannt wird und 5 Prozent des Himmels in der nördlichen Hemisphäre in Richtung des Sternbilds Jungfrau (Virgo) ausmacht.
- Die meisten Galaxien im Universum scheinen Zwerggalaxien zu sein. Sie enthalten ein paar Millionen bis einige Milliarden Sterne, die in einer Region von rund 1000 Lichtjahren komprimiert sind. Sie könnten die Überbleibsel der ersten Galaxien sein.

STRUKTUR IM GROSSMASSSTAB

Basics

Bei Galaxienvermessungen im Lauf der letzten Jahrzehnte wurde festgestellt: Genauso wie Galaxien sich zu Haufen bündeln, sind die Haufen untereinander zu Ketten verbunden, die man Superhaufen nennt. Sie können sich über Hunderte von Millionen Lichtjahren erstrecken. Die Superhaufen wiederum sind zu «Wänden» und Filamenten verknüpft, obwohl es keine Haufen von Superhaufen zu geben scheint.

Unsere Lokale Gruppe gehört zum Virgo-Superhaufen, einer verästelten und verdrehten Kette von Galaxienhaufen, die uns mit dem Virgo-Haufen in 52 Millionen Lichtjahren Entfernung verbindet. Der dehnt sich über eine Region von 200 Millionen Lichtjahren aus und verschmilzt schließlich mit anderen Superhaufen. Haufen und Superhaufen können existieren, weil sie trotz der kosmischen Expansion durch ihre gegenseitige gravitative Anziehungskraft zusammengehalten werden.

Die Verteilung der Galaxien kann man sich wie Schaum vorstellen, in dem die Galaxien-Filamente durch riesige Leerräume (*voids*) voneinander getrennt sind. Eines der dramatischsten Beispiele für diese Struktur ist die Große Wand (auch Große Mauer genannt), ein weitmaschiges Galaxiennetz von mehr als 500 Millionen Lichtjahren Ausdehnung. Astronomen haben das Universum bis auf eine Entfernung von ein paar hundert Millionen Lichtjahren kartiert, und soweit sie es überschauen können, wiederholt sich dieses Schaummuster in alle Richtungen, statt noch größere Strukturen zu bilden. Diese Wiederholung wird das «Ende der Größe» genannt.

Grenzen des Wissens

Die großmaßstäbliche Struktur des Universums ist ein Echo des Urknalls. Die Gravitation hat die Zeit gehabt, einzelne Galaxien zu Haufen zusammenzuziehen, aber die Experten vermuten, dass sie sie nicht zu Superhaufen arrangiert haben konnte. Stattdessen soll die Materie im frühen Universum leicht gekräuselt und in Filamenten um diese Kräuselungen herum angesammelt gewesen sein – wie Wasser in einem Flussdelta. Die dichtesten Gruppen von Filamenten verschmolzen zu Superhaufen. Den Antrieb für diesen Vorgang leistete die Dunkle Materie, in der die Filamente eingebettet waren.

Fakten zum Angeben

- *Der Virgo-Superhaufen stürzt allmählich in eine verborgene Gravitationsquelle, die «Großer Attraktor» genannt wird, höchstwahrscheinlich ein großer Superhaufen, der von der Milchstraße verdeckt wird.*
- *Die Leerräume zwischen Superhaufen sind womöglich nicht ganz so leer, wie sie scheinen. Astronomen vermuten, sie könnten Wolken aus Wasserstoffgas enthalten, die nur durch die Art und Weise nachweisbar sind, wie sie das Licht von fernen Quasaren beeinflussen.*

KAPITEL NEUN

KOSMOLOGIE

DER URKNALL

Basics

Okay, jetzt sind wir endlich so weit, den ganz großen Fisch an die Angel zu bekommen, nämlich das Weltall selbst. Das Studium des Universums als Ganzes wird Kosmologie genannt. Eine Theorie der Kosmologie verknüpft alles, was wir über die großmaßstäblichen Merkmale des Universums kennen. Es ist die Urknalltheorie. Der Urknall ist für die Kosmologie das, was die Evolution für die Biologie ist. Es ist die eine Vorstellung, die den Zusammenhang zwischen allen Dingen hervorhebt.

Die Urknalltheorie besagt, dass vor annähernd 13,7 Milliarden Jahren alle Materie und Energie im beobachtbaren Universum – die ganzen 92 Milliarden Lichtjahre – in einem einzigen Punkt konzentriert waren. Und genau diese Materie und Energie im Universum war in diesem Raum komprimiert. Erinnern Sie sich an den Energieerhaltungssatz: Sie muss also von Anfang an da gewesen sein. Demnach war der Anfang des Universums extrem heiß und dicht, aber jene Materie und Energie verursachten die Expansion der Raum-Zeit-Struktur an sich. Dabei gingen die Temperaturen allmählich zurück, und alles wurde geglättet.

Es gibt drei Hauptbeweisstücke für den Urknall: die Tatsache, dass ferne Galaxien sich mit hoher Geschwindigkeit von uns entfernen, das schwache Leuchten von Radio- und Mikrowellen im ganzen Weltall und der Überfluss von Wasserstoff und Helium im Universum. Obendrein erlaubt uns das Urknallmodell zu verstehen, warum Galaxien genau so angeordnet sind, wie wir es beobachten.

Grenzen des Wissens

Niemand weiß, was den Urknall verursachte. Genau wie im Kern eines Schwarzen Lochs weisen Einsteins Gleichungen der allgemeinen Relativitätstheorie darauf hin, dass das Universum unendlich dicht gewesen sein musste, was wiederum ein Anzeichen dafür ist, dass die Theorie verbessert werden muss, um diesen Augenblick hinreichend zu erklären. Bis wir verstehen können, was in diesem Moment der Singularität vor sich ging, ist unsere Chance gering, die Ursache des Urknalls zu erkennen. Sollten die Forscher eine Theorie ausarbeiten können, die die Quantenmechanik mit der Gravitation verbindet, sollte dieses Problem gelöst werden können. Bis dahin bleibt uns nichts anderes übrig, als die Auswirkungen des Urknalls bis auf den heutigen Tag zu verfolgen.

Fakten zum Angeben

- *Der ursprüngliche Name der Urknalltheorie lautete «Hypothese des primordialen Atoms» (Uratoms).*
- *Der Physiker Fred Hoyle prägte den Begriff «Urknall», wenngleich er ihn spöttisch verwendete. Hoyle glaubte stur an die Kosmologie des «Steady State» – des stationären Gleichgewichts, in dem das Universum immer da gewesen war und immer da sein wird.*

EXPANDIERENDER RAUM

Basics

Im frühen 20. Jahrhundert konnte der Astronom Edwin Hubble etwa ein Dutzend Galaxien beobachten und stellte fest, dass sie sich alle mit großer Geschwindigkeit von uns entfernen. Hmm, wenn sich die Galaxien also voneinander entfernen, müssen sie doch alle irgendwo herkommen. Hubble hatte damit das erste Beweisstück für den Urknall entdeckt.

Es gelang ihm, die Rotverschiebung ferner Galaxien zu messen. Sie erinnern sich vielleicht, dass bei schnell sich von uns fortbewegenden Objekten die Wellenlänge des Lichts, das von ihnen ausgeht, wie eine Sprungfeder gestreckt wird. Der allgemeinen Relativität zufolge kann sich auch der Raum selbst – also die Entfernung zwischen zwei Dingen – ausdehnen und zusammenziehen. Deshalb zeigt sich die Ausdehnung des Raums als eine Rotverschiebung.

Ein expandierendes Universum lässt sich nicht mit einer Explosion von Galaxien ins Weltall vergleichen. Die Expansion hat kein Zentrum, wie es bei einer Bombenexplosion der Fall ist. Es ist der Raum selbst, der expandiert, vergleichbar mit einem Lineal, das auf einen Ballon aufgedruckt ist. Wenn Sie den Ballon aufblasen, nimmt die Entfernung zwischen den Linealmarkierungen zu, und je weiter die Markierungen voneinander entfernt sind, umso schneller wächst dieser Abstand. Dasselbe trifft auf Galaxien zu. Je weiter entfernt sie von uns sind, umso stärker sind sie rotverschoben. Die Expansionsrate des Universums, also die Beziehung zwischen Entfernung und

Rotverschiebung, wird als Hubble-Konstante bezeichnet. Zum heutigen Zeitpunkt liegt sie bei 80 000 Kilometern pro Stunde, auf jede Million Lichtjahre zwischen den Galaxien gerechnet.

Grenzen des Wissens

Das beobachtbare Universum ist jeder beliebige Bereich des Universums, von dem uns ein Signal erreichen kann, sei es Licht, seien es Neutrinos oder Gravitationswellen. Die Entfernung in Lichtjahren zu einer weit entfernten Galaxie ist nicht deren augenblicklicher Abstand zu uns. Die Galaxie hat sich inzwischen längst von diesem Ort fortbewegt. Sie ist vom expandierenden Universum davongetragen worden.

Nimmt man die gemessene Expansionsrate als Anhaltspunkt, wird das beobachtbare Universum als eine Kugel mit dem Durchmesser von 92 Milliarden Lichtjahren veranschlagt. Und während sich die Expansionsgeschwindigkeit des Universums verändert (siehe den Abschnitt über Dunkle Energie), wird sich auch die Größe des beobachtbaren Universums ändern.

Fakten zum Angeben

- *Vor Hubbles Messungen nahm Einstein an, das Universum sei statisch. Deshalb fügte er den Gleichungen der allgemeinen Relativität, die ein expandierendes Universum vorhergesagt hatte, einen Korrekturfaktor (die kosmologische Konstante) hinzu. Später nannte er dies «meine größte Eselei».*
- *Es gibt keinen Grund zu glauben, der Rand des beobachtbaren Universums sei auch der Rand des Universums an sich. Das würde ja bedeuten, die Erde stünde im Mittelpunkt des Universums, was Wissenschaftler für unwahrscheinlich halten.*

DER KOSMISCHE MIKROWELLENHINTERGRUND

Basics

Eines der aussagekräftigsten Beweisstücke für den Urknall ist eine schwache Mikrowellenglut am Himmel, die weder von einem speziellen Stern noch von einer Galaxie stammt und Kosmische Mikrowellen-Hintergrundstrahlung (KMH) genannt wird. Erd- und weltraumgestützte Radioteleskope haben bestätigt, dass die KMH hochgradig gleichmäßig ist. Jede Theorie, die sich mit dem Ursprung des Universums beschäftigt, muss die Strahlung und die Muster ihrer Abweichungen erklären können.

Der Urknalltheorie zufolge ist die KMH ein Überbleibsel des ersten Augenblicks, als sich Protonen und Elektronen vor 379 000 Jahren zu Wasserstoffatomen verdichteten. Vor diesem Zeitpunkt verhinderte die Restwärme des Urknalls die Bildung von Wasserstoff, während die Photonen nur kurze Strecken bewältigen konnten, bevor sie vom Elektronennebel absorbiert wurden. Die Intensität der KMH bei unterschiedlichen Wellenlängen entspricht einer Temperatur von etwa –270 Grad Celsius.

Die Photonen müssen am Anfang wesentlich heißer gewesen sein, aber der Raum trug im Lauf seiner Expansion dazu bei, die Strahlung zu dehnen oder rotzuverschieben, was sie veranlasste, schwächer zu werden, da sie inzwischen ein viel größeres Raumvolumen füllen muss. Zieht man die Expansion des Raums in den vergangenen 13 Milliarden Jahren in Betracht, lässt sich abschätzen, in welcher Phase das Universum diese Temperatur erreichte und wie alt daher die KMH ist.

Grenzen des Wissens

Das Ausmaß der Kosmischen Mikrowellen-Hintergrundstrahlung schwankt von Ort zu Ort, weil die Teilchensuppe nicht gleichmäßig beschaffen war. Manche Orte waren ein wenig dichter als der Durchschnitt, andere Stellen wiederum waren eher diffus. Diese Dichtevariationen breiteten sich wie Kräuselungen aus, die entstehen, wenn man einen Stein ins Wasser wirft. Und die Muster dieser Wellen sagen uns, wie viel Materie und Energie das Universum enthält.

Außerordentlich präzise Daten der Mikrowellensonde WMAP von 2003 lassen den Schluss zu, dass das Universum 13,7 Milliarden Jahre alt ist und lediglich aus 4 Prozent normaler Materie (Baryonen), 23 Prozent Dunkler Materie und aus 73 Prozent Dunkler Energie besteht. Das Planck-Weltraumteleskop soll noch genauere Messungen durchführen.

Fakten zum Angeben

- *Die Schwankungen in der KMH sind geringfügig. Die Mikrowellen sind von einem Punkt im Weltall zum nächsten bis auf mindestens einen Teil von 10 000 identisch.*
- *Die Physiker Arno Penzias und Robert Wilson entdeckten die KMH 1964 nach jahrelangen Versuchen, ein Rauschen in ihren Radioteleskopen an den Bell Labs loszuwerden, das nach der Eliminierung aller anderen Signale immer noch da war.*
- *Mit einem alten Analogfernseher können Sie sich in die KMH einschalten. Die KMH ist verantwortlich für 3 Prozent des Rauschens zwischen den Kanälen.*

DAS UNIVERSUM IST FLACH

Basics

Denken Sie daran, dass sich die Raumzeit unter dem Gewicht von Materie und Energie krümmt. Sie hat eine Form. Nun ja, das Universum als Ganzes muss ja auch eine Form haben. Entscheidend dabei ist, dass diese Gestalt auch der wesentlichen Annahme der Wissenschaftler über das Weltall, nämlich in allen Richtungen gleich auszusehen, Genüge tun muss.

Es gibt nur drei grundlegende Formen, die diesen Anforderungen entsprechen. Um sie darzustellen, müssen wir uns auf (unvollkommene) zweidimensionale Analogien einlassen. Die erste ist die Oberfläche einer Kugel. Wir sagen, sie habe eine positive Krümmung, was bedeutet, sie wölbt sich in jede Richtung. Die zweite Form (negative Krümmung) schrumpft nach innen in jede Richtung wie die Oberfläche eines Sattels. Die dritte Form ähnelt einem Blatt Papier. Sie wird flacher Raum genannt und hat null Krümmung.

Die Form des Universums hängt von der durchschnittlichen Dichte der darin enthaltenen Materie und Energie ab. Durch sorgfältige Messungen des kosmischen Mikrowellenhintergrunds haben die Forscher herausgefunden, dass die Dichte messerscharf so beschaffen ist, dass man von Flachheit sprechen kann. Bei nur etwas mehr Dichte würde sich die Raumzeit wie ein großer Ball wölben; und bei geringfügig weniger Dichte würde sie sich wie ein Sattel nach innen biegen. Diese sogenannte kritische Dichte ist ungefähr die Masse von fünf Wasserstoffatomen pro Kubikmeter.

Grenzen des Wissens

Es wäre schön zu wissen, ob das Universum unendlich wäre – ob es also ewig währte –, doch bedauerlicherweise gibt die allgemeine Relativitätstheorie keine Antwort auf diese Frage. Sie sagt uns lediglich, dass sich die Raumzeit zwischen zwei beliebigen Punkten krümmt. Aber es gibt noch eine andere Möglichkeit, es herauszufinden. Wäre das Universum endlich, würde es ähnlich funktionieren wie das Computerspiel Pac-Man. Alles, was den Rand des «Monitors», sprich des Universums, verlässt, würde auf der anderen Seite wiederauftauchen. Die Wissenschaftler können diese Möglichkeit überprüfen, indem sie nach sich wiederholenden Mustern am Himmel Ausschau halten wie nach einem Bild in einem Zerrspiegel. Bis jetzt haben sie keine Beweise für Wiederholungen gefunden. Falls das Universum endlich sein sollte, muss es allerdings ziemlich groß sein.

Fakten zum Angeben

- Die Flachheit oder annähernde Flachheit des Universums wird inzwischen als ein frühes Anzeichen dafür betrachtet, dass der größte Teil des Universums nicht aus sichtbarer Materie besteht. Bei Untersuchungen wurde viel zu wenig sichtbare Materie gefunden. Sie macht nur 5 Prozent der kritischen Dichte aus.
- Erst 2003 spekulierten Experten darüber, ob das Universum womöglich wie ein Zwölfflächner geformt sein könnte, ein zwölfseitiges Objekt (denken Sie an einen Fußball), allerdings scheinen inzwischen die Daten diese Möglichkeit nicht zu bestätigen.

INFLATION

Basics

Die Flachheit des Universums ist mit der reinen Urknalltheorie nur schwer zu erklären. Hätte das Universum auch nur um eine Haaresbreite über oder unter der kritischen Dichte begonnen, hätten Zeit und Gravitation diese Fehlanpassung enorm vergrößert. Wissenschaftler mögen es überhaupt nicht, wenn Theorien so angesetzt werden müssen, dass sich alles schön zusammenfügt. Das klingt nämlich allzu verdächtig nach Schmu.

Sie glauben, die Antwort in der kosmischen Version unkontrollierbarer Inflation gefunden zu haben. Im ersten winzigen Sekundenbruchteil nach dem Urknall wuchs das beobachtbare Universum von einigen Milliardstel der Größe eines Protons zur Größe einer Kugel irgendwo zwischen einer Murmel und einem Fußballplatz an. Das ist proportional vergleichbar mit der Ausdehnung eines DNS-Strangs zur Größe der Milchstraße. Selbst die vergangenen 14 Milliarden Jahre der Expansion haben das beobachtbare Universum nie wieder um einen solchen Betrag vergrößert.

Kehren wir zurück zu unserer Ballon-Analogie. Wenn Sie einen Ballon zur Größe der Erde aufblasen könnten, würde er flach statt gekrümmt aussehen. Demnach wären zwei Punkte, die sehr nahe beisammen im Urknall ihren Anfang nahmen, inzwischen weit voneinander entfernt. Und jede kleine Abweichung von der Flachheit wäre komplett ausgelöscht worden. Das ist die beste Begründung der Wissenschaftler für die annähernd perfekte Flachheit des Universums.

Grenzen des Wissens

Unter Berücksichtigung der Inflation sind die Details des kosmischen Mikrowellenhintergrunds widerspruchsfrei, allerdings behaupten die Wissenschaftler nicht, dass die Inflationstheorie dieselben strengen Tests bestanden hätte wie die Urknalltheorie. Die allgemeine Relativität kann einem expandierenden Universum Rechnung tragen. Um aber die Inflation zu rechtfertigen, müssen die Forscher schon eine exotische Energieform aufbieten, eine Art Vakuumenergie oder kosmologische Konstante, die nur einen kurzen Augenblick während des Urknalls existiert hätte. Unglücklicherweise gibt es keine Theorie, die ihnen genau sagen könnte, wie groß der Anteil der inflationären Expansion hätte gewesen sein müssen, was davon abhängt, wie lange die exotische Energie am Drücker gewesen wäre.

Fakten zum Angeben

- *Teilchenphysiker Alan Guth, inzwischen Professor am Massachusetts Institute of Technology, stellte seine Idee der kosmischen Inflation Ende 1979 vor. Die Vereinigten Staaten hatten gerade eine Phase der wirtschaftlichen Inflation erlebt, was zu dem Namen geführt haben könnte.*
- *Die Inflation mag zwar von einer exotischen Energieform abhängen, aber zumindest ist nicht allzu viel davon erforderlich. Die Forscher schätzen, dass Energie im Wert von lediglich 20 Pfund ausgereicht hätte, um die Inflation in Gang zu setzen.*

DUNKLE ENERGIE

Basics

Die Forscher nahmen lange Zeit an, die Expansion des Raums würde sich unter dem kombinierten Einfluss der Gravitation sämtlicher Galaxien letztlich verlieren. Aber 1998 schlossen die Astronomen die Messungen der Rotverschiebung und der Entfernung uralter Supernovae ab und stellten fest, dass sich der Raum weiter ausgedehnt hatte, als man das von der vermutlichen Abbremsung der Galaxien hätte erwarten können. Mit anderen Worten: Die Expansionsrate des Universums nimmt zu.

Die Gründe für die beschleunigte Ausdehnung kennen die Wissenschaftler nicht, aber gemäß der allgemeinen Relativität muss es irgendeine Energieform sein, die sie – als Hommage an die Dunkle Materie – Dunkle Energie nennen. Vermessungen der Kosmischen Mikrowellen-Hintergrundstrahlung deuten darauf hin, dass die dünn und gleichmäßig im Weltall verteilte Dunkle Energie 74 Prozent des Universums ausmacht.

Die einfachste Form der Energie wäre etwas, das man kosmologische Konstante nennt, die sich im Lauf der Zeit nicht verändert. Das ist die Energie des leeren Raums, die wir bereits kennengelernt haben. Zu jedermanns Leidwesen sagen einfache Schätzungen der Vakuumenergie eine enorme Menge voraus, die die Galaxien vor langer Zeit in die Länge und in die Breite geblasen hätte. Die beobachtete Dunkle Energie hat einen geheimnisvoll kleinen Wert. Die Forscher haben sich an den Gründen dafür bisher die Zähne ausgebissen.

Grenzen des Wissens

Die kosmische Beschleunigung könnte sich mit der Zeit verlangsamen. Um das herauszufinden, müssen die Forscher die Expansionsrate des Universums äußerst präzise messen. Ein vorgeschlagenes Experiment ist die Supernova Acceleration Probe oder SNAP – eine Sonde zur Erforschung der Dunklen Energie, die die Entfernung und die Geschwindigkeit von rund 2000 Supernovae pro Jahr messen würde. Mit einer zweiten Technik soll eine umfassende hochauflösende Erkundung von Galaxien durchgeführt werden. Dabei will man nach geringfügigen Veränderungen ihrer Form Ausschau halten, verursacht von Licht, das wie eine Murmel, die man über einen gewölbten Fußboden rollt, durch die Dunkle Materie dringt. Eine solche Karte könnte den Forschern Anhaltspunkte dafür geben, wie die Dunkle Energie die Struktur des Universums im Verlauf der Zeit beeinflusst hat.

Fakten zum Angeben

- *Die Forscher glauben, das Universum habe vor rund fünf Milliarden Jahren angefangen, sich zu beschleunigen. Hätte es viel früher damit begonnen, wäre den Galaxien keine Zeit zur Entstehung geblieben.*
- *Die Dunkle Energie muss dünn und gleichmäßig mit der Dichte einiger weniger Protonen pro Kubikmeter über das ganze Universum verteilt sein. Die gesamte Dunkle Energie des Sonnensystems würde sich auf die Masse eines kleinen Asteroiden belaufen.*
- *Die Dunkle Energie könnte die Atome geringfügig größer machen, als sie sonst wären. Geht man davon aus, dass sie das ganze Universum durchdringt, könnte sie ein wenig der Gravitationsanziehung zwischen Protonen und Neutronen im Atomkern entgegenwirken.*

DIE ERSTEN DREI MINUTEN

Basics

Drei Minuten sind keine lange Zeit. Sie genügt, um eine Tüte Popcorn in der Mikrowelle zuzubereiten, kurz zu duschen und ein Stück Musik zu hören – oder zwei, wenn Sie auf Punk-Rock stehen. Aber dem Urknall reichten drei Minuten völlig aus, um das Universum mit Materie anzufüllen.

Mit so viel konzentrierter Energie in der Hinterhand war das frühe Universum ein großer Teilchenbeschleuniger. Teilchen und Antiteilchen aller Arten platzten ins Dasein und vernichteten sich gegenseitig. Mit jedem vorübergehenden Moment dehnte sich der Kessel aus und kühlte allmählich ab. Weil es nicht genügend konzentrierte Energie gab, durchlief das Weltall eine Reihe von Kontrollpunkten, die seine Fähigkeit einschränkten, unterschiedliche Teilchen zu produzieren.

Nach einer Mikrosekunde kühlte das Universum ausreichend ab, sodass Quarks (die Teilchen, aus denen Protonen und Neutronen bestehen) «auszufrieren» begannen. Das heißt, sie schlossen sich zu Protonen und Neutronen zusammen, statt sich in der Begegnung mit Antiquarks auszulöschen. Da die Neutronen eine Spur massereicher als Protonen und daher weniger stabil sind, zerfielen sie in Protonen, bis nur noch ein Neutron auf sieben Protonen kam. Gemeinsam bildeten sie Wasserstoff- und Heliumkerne im Verhältnis 9:1 sowie Lithium.

Diese sogenannte Nukleosynthese des Urknalls dauerte rund drei Minuten und erzeugte 98 Prozent des heute im Weltall vorhandenen Heliums. (Der Rest stammt von den Sternen.) Das

Verhältnis zwischen Wasserstoff, Helium und Lithium ist ein weiterer wichtiger Stützpfeiler der Urknalltheorie.

Grenzen des Wissens

Unmittelbar nach dem Urknall, als das Universum sehr jung und heiß war, gab es eigentlich eine Menge Teilchen und Antiteilchen, die sich gegenseitig vernichteten. Wäre Antimaterie ein perfektes Spiegelbild der Materie, hätte das Universum von beiden die gleiche Menge erzeugt, sodass es überhaupt keine Materie gäbe. Aber da wir eindeutig hier sind, ist dies offenbar nicht passiert. Der Sieg der Materie wird Baryogenese genannt («Genesis» für Schöpfung und «Baryo» für Baryonen. Das sind Protonen und Neutronen).

Fakten zum Angeben

- *Die Überschrift dieses Abschnitts ist gleichzeitig der Titel eines berühmten Buches des Teilchenphysikers Steven Weinberg. Er schrieb einmal, je mehr wir über das Universum erfahren, umso weniger Bedeutung scheint unsere Existenz zu bekommen.*
- *Astronomen messen den Überfluss an primordialem (uranfänglichem) Deuterium – schwerem Wasserstoff –, indem sie das Licht von fernen Quasaren untersuchen, das sich durch unsichtbare Wasserstoffwolken hindurchbewegt.*
- *Wissenschaftler glauben, dass das Universum im Prozess der Baryogenese ungefähr eine Milliarde plus ein normales Teilchen gegenüber einer Milliarde Antiteilchen produzierte.*

KAPITEL ZEHN
TEILCHENPHYSIK

DAS STANDARDMODELL

Basics

Standardmodell der Teilchenphysik ist ein ziemlich nichtssagender Name für eine immens wichtige Theorie. Im Lauf der letzten 30 Jahre haben Forscher die detaillierten Mechanismen und Funktionsweisen der drei wichtigsten, in Atomen wirksamen Naturkräfte zusammengetragen: Der Elektromagnetismus hält die Atome zusammen, die starke Wechselwirkung hält den Kern zusammen, und die schwache Kraft bestimmt den radioaktiven Zerfall.

Das Standardmodell besagt, dass die grundlegenden Bestandteile des Universums nicht Teilchen, sondern Felder sind, die, analog zu elektrischen Feldern und Magnetfeldern, über die gesamte Raumzeit ausgebreitet sind. Jede Elementarteilchensorte ist die Einheit eines anderen Feldes. Selbst wenn keine Teilchen in der Nähe sind, schwanken diese Felder aufgrund des Unbestimmtheitsprinzips kontinuierlich. Wenn die Teilchen zusammenstoßen, bestimmt die Wechselwirkung der Felder, welche Teilchen zerfallen und welche neuen Teilchen entstehen.

In den ersten Augenblicken nach dem Urknall war das Universum ein einziger riesiger Teilchenbeschleuniger, ein Energiekessel, aus dem die Teilchen links und rechts und aus der Mitte heraussprangen. Das Standardmodell teilt uns mit, welche Teilchen in jedem Augenblick vorhanden waren, welche überlebten und wie sie sich in Atomen festsetzten. Gemeinsam mit der allgemeinen Relativität, Einsteins Gravitationstheorie, sagt uns das Standardmodell, wie das Weltall in Erscheinung trat, dass wir es heute so sehen, wie es ist.

Grenzen des Wissens

Jedenfalls nah dran. Das Standardmodell lässt ein paar Fragen offen. Dazu gehören die Beschaffenheit der Dunklen Materie sowie der Grund, weshalb das Weltall offenbar in geringem Maß die Materie gegenüber der Antimaterie bevorzugt. Antworten auf einige dieser Fragen können nur geringfügige Veränderungen der Theorie mit sich bringen, andere hingegen könnten durchaus zu einer noch umfassenderen Theorie führen. Die direkteste Möglichkeit, das Standardmodell zu testen, ist der Bau immer größerer Teilchenbeschleuniger – Maschinen, in denen Teilchen bei hohen Energien zusammenstoßen. Das kann aber ziemlich teuer werden, sodass Wissenschaftler stets auf Hinweise aus der Astrophysik lauern, zum Beispiel Neues über Neutrinos und kosmische Strahlung.

Fakten zum Angeben

- *Das Standardmodell ist die sorgfältigste und genaueste wissenschaftliche Theorie aller Zeiten. Sie sagt die Stärke des Magnetfelds eines Elektrons auf eine Genauigkeit eines Anteils pro 10 Milliarden voraus.*
- *Das Standardmodell hat mehr als 20 «freie Parameter», Naturkonstanten wie die Ladung des Elektrons und die Quarkmassen, die Wissenschaftler nicht von Grund auf erklären können. Ihnen bleibt nichts weiter übrig, als die Konstanten in Experimenten zu messen.*

TEILCHENBESCHLEUNIGER

Basics

Eines unserer besten Instrumente für das Verständnis der inneren Mechanismen des Universums ist der Teilchenbeschleuniger, eine Maschine, die Protonen, Elektronen und andere Teilchen auf hohe Geschwindigkeiten peitscht und sie zusammenstoßen lässt. Aus den Kollisionen entstehen neue Teilchen, die nie zuvor existierten. Sie zerfallen oder wandeln sich sehr schnell in neue Teilchen um.

Um eine Vorstellung zu bekommen, warum das so ist, erinnern Sie sich bitte an das Unbestimmtheitsprinzip. Wie wir schon bei der Vakuumenergie feststellten, ist ein Feld, selbst wenn es leer ist, voller Aktivität. Die Teilchenphysiker finden es nützlich, das Feld so zu betrachten, als sei es voller sogenannter virtueller Teilchen, die paarweise aus dem Vakuum sprudeln – ein Teilchen und sein Antiteilchen.

Das Paar vernichtet sich normalerweise selbst so schnell, dass es nicht nachweisbar ist. Obendrein gehorchen die Teilchen seltsamen Regeln, und so nennt man sie virtuelle Teilchen, um sie von der normalen Sorte zu unterscheiden. Pumpt man jedoch eine Menge Energie in einen kleinen Raum, kann man den virtuellen Teilchen gewissermaßen Beine machen und sie in die Wirklichkeit befördern.

Die Teilchen, die Sie erhalten, richten sich nach der Energiemenge, die Sie in einen bestimmten Raum quetschen. Je konzentrierter die Energie ist, umso massereicher sind die Teilchen, die Sie, dank der Formel $E = mc^2$, dabei erzeugen können. Deshalb ist der Teilchenbeschleuniger im Grunde ein gewaltiges Mikroskop, aber statt kleine Abstände zu vergrößern, pumpt er Energie in sie hinein.

Grenzen des Wissens

Um solche hohen Energien – und kurzen Abstände – zu pflegen, bedarf es immer größerer Maschinen, um die Teilchen auf annähernde Lichtgeschwindigkeit zu beschleunigen. Vielleicht haben Sie schon von dem Großen Hadronen-Speicherring (LHC) gehört, einem ringförmigen Beschleuniger von knapp 27 Kilometer Umfang, bei dem leistungsstarke Magnetfelder Teilchenstrahlen um eine rennbahnähnliche Piste wirbeln und zusammenstoßen lassen.

Der LHC ist die größte wissenschaftliche Versuchsanordnung, die je gebaut wurde. Er wurde konstruiert, um aufeinander zulaufende Protonenstrahlen auf 99,9 Prozent der Lichtgeschwindigkeit zu beschleunigen und sie bei den höchsten Energien zusammenstoßen zu lassen, die jemals von Forschern erzielt wurden.

Fakten zum Angeben

- *Wissenschaftler haben einen drastischen Vergleich für die Experimente mit Teilchenbeschleunigern gefunden. Es sei, so sagen sie, als wolle man herausfinden, wie ein Fernsehgerät funktioniert, indem man es vom Empire State Building herunterwirft und dann den Schrott auseinanderharkt.*
- *Die Energie subatomarer Teilchen wird in Elektronenvolt gemessen. Ein Elektronenvolt ist die Energie, die einem einzelnen Elektron von einer Ein-Volt-Batterie verliehen wird.*
- *Ein paar, sagen wir, besorgte Bürger fürchten, der LHC-Teil-*

chenbeschleuniger könnte ein die Erde verschlingendes Schwarzes Loch im Mikromaßstab erzeugen. Wissenschaftler haben darauf hingewiesen, dass kosmische Strahlung regelmäßig auf die gleichen Energien kommt und dennoch keine winzigen Schwarzen Löcher auf uns herabregnen.

REICH MIR DIE BOSONEN, BITTE

Basics

Dem Standardmodell zufolge ähnelt die Teilchenphysik einem großen Völkerballspiel. Theoretisch sind die Teilchen in zwei Familien aufgeteilt, nämlich in Fermionen und in Bosonen. Fermionen sind die Materieteilchen, die Quarks und die Leptonen. Sie verhalten sich wie Elektronen, insofern sie Widerstand dagegen leisten, zusammengequetscht zu werden. Sie sind wie Völkerballspieler. Die Bosonen können sich alle an einem Fleck anhäufen. Sie sind für die Übertragung der Naturkräfte verantwortlich wie Völkerbälle, die zwischen Fermionen geschleudert werden.

Das berühmteste kraftvermittelnde Boson ist das Photon. Wenn zwei Elektronen so nahe zusammengebracht werden, dass sich ihre elektrischen Felder gegenseitig abstoßen, dann schleudern sie laut Standardmodell Photonen hin und her. (Technisch gesehen, sind das nicht nachweisbare «virtuelle» Photonen.) Wenn ein Elektron ein Photon einfängt, will es in eine neue Richtung davonlaufen. Also ist es vielleicht doch eher Lasertag als Völkerball.

Wie auch immer, dasselbe gilt für die anderen Kräfte im Standardmodell. Die starke Kraft wird durch Teilchen übertragen, die Gluonen heißen (abgeleitet vom Verb «kleben»). Die schwache Kraft wirkt durch das W-Boson, das positiv oder negativ geladen sein kann, sowie durch das neutrale Z-Boson. Der wirksame Bereich einer Kraft hängt von der Masse ihrer Bosonen ab. Die schwache Kraft lässt ziemlich schnell nach, weil ihre Bosonen massereich sind. Bei den Gluonen, die gar keine Masse haben, liegen die Dinge etwas komplizierter.

Grenzen des Wissens

Warum hat das Universum die Teilchen in Bosonen und Fermionen aufgeteilt? Gute Frage! Das Standardmodell erklärt nicht, warum das so ist. Eine Idee namens Supersymmetrie könnte hier weiterhelfen. Sie besagt, dass es für jedes bekannte Boson ein schwereres Fermion gibt. Diese zusätzlichen Teilchen, auch Superpartner genannt, haben skurrile Namen wie Selektron, Photino und Squark. Man hofft, dass der Große Hadronen-Speicherring, der neue Teilchenbeschleuniger in der Nähe von Genf, einige dieser Teilchen aufspüren wird. Sollte dem so sein, dann ändert sich die Fragestellung: Statt nach dem Warum von Bosonen und Fermionen zu fragen, geht es dann um das Problem, warum sich Bosonen und Fermionen von den anderen unterscheiden.

Fakten zum Angeben

- Bosonen sind nach dem indischen Physiker Satyendra Nath Bose benannt worden, der die Theorie gemeinsam mit Albert Einstein entwickelte. Bei den Fermionen stand Enrico Fermi Pate.
- Nach den Quantenprinzipien sollte die Gravitation ihr eigenes Boson haben, das Graviton, das – wie das Photon – keine Masse und eine unendliche Reichweite haben sollte.
- Mit Hilfe konzentrierter Energie können Teilchenkollisionen ein virtuelles Teilchen wie beispielsweise ein W-Boson in ein wirkliches Teilchen umwandeln. So bewiesen die Wissenschaftler endgültig die Existenz des W- und des Z-Bosons.

QUARKS

Basics

Wenn Sie in ein Proton oder in ein Neutron hineinschauen könnten, würden Sie sehen, dass jedes der beiden in Wirklichkeit drei separate Teilchen enthält, die im Inneren hin und her ruckeln. Diese Teilchen heißen Quarks. Sie reagieren auf alle drei Kräfte des Standardmodells, aber zusammengehalten werden sie durch die starke Kraft.

Die Forscher dachten sich das Quark-Konzept aus, um die verwirrende Anordnung neuer Teilchen zu erklären, die auftauchten, als man in den 1950er Jahren damit anfing, die Atome zusammenstoßen zu lassen. Nun stellte man sich vor, der Teilchenzoo bestünde aus unterschiedlichen Kombinationen jeweils zweier Teilchen, die man «Up»- und «Down»-Quarks taufte.

So besteht zum Beispiel das Proton aus zwei Up-Quarks und aus einem Down-Quark. Die Up- und Down-Quarks haben geringfügig unterschiedliche Massen – das Up-Quark ist ein wenig leichter –, was der Grund ist, warum die Protonen leichter als Neutronen sind.

Um die Dinge noch unübersichtlicher zu machen, kommen die Quarks obendrein in drei Farbladungen vor, die nicht wirklich Farben sind, sondern vielmehr elektrischen Ladungen ähneln. Wenn Quarks mit der richtigen Farbladung aufeinandertreffen, beginnt die starke Kraft zu wirken, so wie es bei der Elektrizität der Fall ist, wenn sich eine positive und eine negative Ladung begegnen.

Bei Experimenten traten noch vier zusätzliche «Geschmacksrichtungen» (*flavours*) von Quarks auf – wie schwerere Versionen des Up- und Down-Quarks. Nur diese beiden sind in der Alltagswelt stabil. Um die anderen hervorzubringen, die *Strange* und *Charm*, *Top* und *Bottom* heißen, werden hochenergetische Kollisionen benötigt.

Grenzen des Wissens

Das Top-Quark ist das schwerste bisher bekannte Teilchen. Es wurde 1997 bei Experimenten im Fermilab in Batavia, Illinois, entdeckt. Es hat eine Masseenergie von 180 GeV. Das ist so viel wie ein ganzes Goldatom! Die Wissenschaftler rätseln noch, warum es so groß ist. Sie hoffen, die Antwort zu finden, falls sie in den nächsten Jahren am Großen Hadronen-Speicherring das Higgs-Boson entdecken sollten, das hypothetische Teilchen, das anderen Teilchen Masse verleiht.

Fakten zum Angeben

- Teilchen aus drei Quarks werden Baryonen genannt (deshalb heißt gewöhnliche Materie auch baryonische Materie).
- Könnten Quarks wiederum aus noch kleineren Teilchen bestehen? Es gibt zwar keinen Grund, warum das so sein sollte, aber wenn es sich als zutreffend herausstellen sollte, würde man diese Teilchen Preonen nennen.
- Das Top-Quark ist derart instabil, dass die starke Kraft keine Zeit hat, darauf einzuwirken. Stattdessen kommt sofort die schwache Kraft zum Zug und spaltet es in ein Bottom-Quark und in ein W-Boson auf. Vielleicht ist es für uns die einzige Möglichkeit, jemals ein nacktes Quark untersuchen zu können.

DIE STARKE KRAFT

Basics

Es gab ein Problem, die Quarks zu entdecken, weil man ein Proton oder ein Neutron nicht einfach in seine Quark-Bestandteile zerlegen kann. Im Gegensatz zu den anderen Kräften besitzt die starke Kraft die seltsame Eigenschaft, umso stärker zu werden, je weiter die Quarks sich voneinander entfernen. Quarks lassen sich deshalb mit geflohenen Häftlingen im Film vergleichen, die an den Füßen aneinandergekettet sind und durch die Wälder laufen. Solange sie nahe beisammenbleiben, passiert nichts. Aber sobald sie zu weit abschweifen, ziehen die Ketten sie wieder aneinander.

Die starke Kraft wird durch Gluonen vermittelt, von denen es acht Sorten gibt, die wie Mischungen aus den drei Farbladungen der Quarks sind: rot, blau und grün. Quarks und Gluonen sind, selbst nach den Maßstäben der Physik, ziemlich kompliziert. Weil Gluonen selbst Farbladungen haben, tauschen sie Gluonen untereinander aus. Es ist also sehr viel mehr in einem einzelnen Proton los als nur eine friedliche Versammlung dreier Quarks.

In der Tat machen die Massen der Up- und Down-Quarks nicht die Gesamtmasse des Protons und des Neutrons aus. Stattdessen stammt der größte Teil der Masse im Kern von der Bewegungsenergie der Quarks und Gluonen, die wie wütende Bienen im Inneren der Protonen und Neutronen hin und her schwirren. Es ist nämlich die Bewegungsenergie, die eine Masse verleiht (wieder einmal dank $E = mc^2$). Das ganze Summen macht 4 bis 5 Prozent der Masse im Weltall aus.

Grenzen des Wissens

Forscher können die Ränder von Protonen und Neutronen dämpfen, indem sie ein Quark-Gluon-Plasma erzeugen, worauf wir bereits hinwiesen, als wir über den Kern sprachen. Wenn Kerne mit hoher Energie zusammenkommen, beginnt die starke Kraft, alle vorhandenen Quarks in einer großen Wolke, die rasch in andere Teilchen zerfällt, miteinander zu verbinden.

Wissenschaftler glaubten ursprünglich, dass die zusammenstoßenden Quarks bei der Produktion von Plasma Teilchenstrahlen in entgegengesetzten Richtungen verströmen. Stattdessen aber sehen die Forscher einzelne Strahlen, als würde eine Pistolenkugel ins Wasser gefeuert. Das sagt ihnen, dass das Quark-Gluon-Plasma viel dichter ist, als sie vermuteten. Es ist eher eine Flüssigkeit als ein Gas.

Fakten zum Angeben

- *Wissenschaftler glauben, dass nackte Quarks schon in den ersten Augenblicken des Urknalls existiert haben könnten.*
- *Manche Neutronensterne könnten dicht genug sein, um sich in Klumpen aus Quarks aufzulösen. Sie werden Quarksterne oder seltsame Sterne genannt. Sie hätten lediglich eine dünne Neutronenkruste.*
- *Ein Zweck des Großen Hadronen-Speicherrings ist die Erzeugung eines Quark-Gluon-Plasmas durch den Zusammenstoß von Bleiionen. Es könnte den Experten eine neue Perspektive bieten.*

LERNEN SIE DIE LEPTONEN KENNEN

Basics

Was im Bereich der Materie kein Quark ist, das ist ein Lepton. Zu dieser Kategorie gehören Elektronen und Neutrinos. Im Gegensatz zu Quarks spüren die Elektronen nur den Elektromagnetismus und die schwache Kraft, während die Neutrinos ausschließlich Geschöpfe der schwachen Kraft sind.

Sie treten in drei Paaren auf, die Generationen genannt werden. Das Universum kann nicht einen Partner des Paars erzeugen, ohne auch den anderen zu kreieren. Das berühmteste Leptonenpaar besteht aus dem Elektron und dem Neutrino, die beide im radioaktiven Betazerfall hervorgebracht werden.

Das nächste Paar besteht ebenfalls aus einem negativ geladenen Teilchen, dem Myon, und einem dazu passenden Myon-Neutrino. Das Myon ist massereicher als das Elektron, aber leichter als die Quarks. Es war das erste entdeckte Teilchen, das nicht zu gewöhnlicher Materie gehört. Außerdem ist es das stabilste exotische Teilchen. Myonen gehen als Produkt kosmischer Strahlen, die in der Atmosphäre explodieren, ständig auf die Erde nieder.

Das dritte Leptonenpaar besteht aus dem Tau, das auch negativ geladen, aber weniger stabil als das Myon ist, und dem Tau-Neutrino. Das Tau-Teilchen existiert nur in Teilchenbeschleunigern. Es hat die Masse von zwei Protonen, und wenn es zerfällt, erzeugt es Teilchen, die aus Quarks zusammengesetzt sind.

Grenzen des Wissens

Alles, was man braucht, damit das Standardmodell funktioniert, sind vier Teilchen: die Up- und Down-Quarks, das Elektron und das Neutrino. Aber aus irgendeinem unheimlichen Grund hat das Universum beschlossen, es brauche zwei zusätzliche Generationen – wie jemand, der unbedingt dasselbe Hemd in jeder Farbe haben muss. Die Wissenschaftler glauben, es gäbe nicht mehr als drei Generationen, weil sie sonst längst ein viertes Neutrino gefunden hätten. Warum es drei Familien sind und nicht vier oder zwei? Niemand weiß es.

Fakten zum Angeben

- Das Wort Leptonen kommt aus dem Griechischen und bedeutet «dünn», was ein wenig irreführend ist. Manche Leptonen haben eine relativ große Masse, obwohl sie recht klein sind – nicht größer als 10^{-18} Meter.
- Als das Myon 1936 entdeckt wurde, kam es so unerwartet, dass der theoretische Physiker Isidor Rabi ausrief: «Wer hat das denn bestellt?»
- Myonen zerfallen normalerweise nach 2,2 Mikrosekunden, aber Sie erinnern sich vielleicht, dass sie länger überleben können, wenn sie sich als Teil eines kosmischen Strahlenschauers mit Hochgeschwindigkeit fortbewegen.

DIE UNHEIMLICHE KRAFT

Basics

Die schwache Kraft zieht die vier Teilchen zusammen, aus denen die gewöhnliche Materie im Weltall besteht: Up- und Down-Quark, Elektron und Neutrino. Alle vier Teilchen sind imstande, die W- und Z-Bosonen, die die schwache Kraft vermitteln, umherzuwirbeln.

Im radioaktiven Betazerfall gibt ein W-Boson ein Quark ab, das sich in ein Elektron und in ein Neutrino aufspaltet. Während dieses Vorgangs wird das Up-Quark zum Down-Quark, wobei ein Neutron in ein Proton verwandelt wird. Ähnliches geschieht in Neutrinodetektoren und bei der Kernfusion in Sternen.

Kommen wir nun zum unheimlichen Teil. Das W-Boson wiegt so viel wie 80 Protonen oder Neutronen. Aus der Völkerball-Perspektive würde sich der handliche Ball in Ihren Händen in Bleitrümmer verwandeln. Das Unbestimmtheitsprinzip gestattet ein derart seltsames Verhalten, solange das W sich nicht allzu weit entfernen kann. Deshalb ist auch die Reichweite der schwachen Kraft auf das Innere des Kerns beschränkt. Die Chancen eines W, darüber hinauszugelangen, lassen stark nach.

Dennoch schreit die Seltsamkeit der schwachen Kraft geradezu nach einer Erklärung, die die Forscher schon zu haben glauben. Es geht um ein exotisches Teilchen namens Higgs-Boson, das in den nächsten Jahren in Experimenten auftauchen könnte.

Grenzen des Wissens

Die schwache Kraft ist schrecklich tendenziös. Der Elektromagnetismus behandelt alle elektrischen Ladungen gleich; dasselbe gilt für die starke Kraft, was die Farbladung betrifft, und für die Gravitation, die auf Masse und Energie einwirkt. Die schwache Kraft hingegen geht unterschiedlich mit den Teilchen um. So ist sie zum Beispiel die einzige Kraft, die sich verändert, sobald die Forscher sie durch einen Spiegel betrachten.

Alle Fermionen treten in zwei Varianten auf, die wie Spiegelbilder voneinander sind. Das eine ist linkshändig, das andere rechtshändig. Die anderen Kräfte unterscheiden nicht zwischen Linkshändigkeit und Rechtshändigkeit. Aber es gibt Aspekte der schwachen Kraft, die nur auf linkshändige Neutrinos und rechtshändige Antineutrinos reagieren.

Noch untersuchen Forscher die Angelegenheit, aber es kann sein, dass rechtshändige Neutrinos überhaupt nicht existieren. Dasselbe trifft auf linkshändige Antineutrinos zu.

Fakten zum Angeben

- *Das W im W-Boson steht für «weak» (englisch für schwach); der Name Z-Boson bezieht sich auf den Witz, es sei das letzte Teilchen, das die Forscher finden müssten.*
- *Die Wissenschaftler sagten 1968 die Existenz von W- und Z-Teilchen voraus. Sie wiesen die Teilchen schließlich 1983 in Beschleunigerexperimenten nach.*
- *Das W-Boson ist das einzige Kraftteilchen, das imstande ist, die Erzeugung eines Teilchens zu verändern. Beispiele sind die Umwandlung eines Strange-Quarks in ein Up-Quark oder eines Bottom-Quarks in ein Charm.*

SYMMETRIE

Basics

Aus Untersuchungen geht hervor, dass symmetrische Gesichter augenfreundlicher sind. Auch das Universum scheint Symmetrie zu bevorzugen. Die Forscher glauben, dass die Regeln des Standardmodells unterschiedliche Natursymmetrien widerspiegeln. Das Motto der Symmetrie lautet: «Auch wenn die Dinge sich immer stärker verändern, so bleiben sie doch stets gleich.» Nehmen Sie eine polierte Metallkugel und drehen Sie sie in jede beliebige Richtung, so wird sich Ihr Spiegelbild in der Kugel nicht verändern. Wir sagen dann, die Kugel habe Rotationssymmetrie.

Auf ähnliche Weise kommen bei Experimenten zu verschiedenen Zeitpunkten keine anderen Ergebnisse zustande. Das Gleiche gilt für Versuche in der linken oder rechten Ecke des Labors. Die spezielle Relativität spiegelt die Symmetrie (Lorentz-Symmetrie genannt) zwischen Experimenten wider, die sich mit unterschiedlichen Geschwindigkeiten fortbewegen, während die allgemeine Relativität die Symmetrie um beschleunigte Bewegung erweitert. Zur Suche nach einer Theorie, die über das Standardmodell hinausgeht, gehört es auch, nach neuen Symmetrien Ausschau zu halten.

Die Forscher glauben, dass bei vielen Arten von Symmetrie etwas im Universum erhalten bleibt. So ist zum Beispiel die Symmetrie der Naturgesetze von einem Augenblick zum anderen mit der Erhaltung von Energie verbunden. Die Rotationssymmetrie ist ihrerseits mit der Erhaltung des Drehimpulses verknüpft.

Grenzen des Wissens

Manche Symmetrien sind gebrochen, das heißt, das Universum begann zwar, indem es der Symmetrie gehorchte, aber irgendetwas kam dazwischen. Die Forscher wissen, dass Antimaterie in Wirklichkeit kein perfektes Abbild von Materie ist. Wenn ein Antimaterieteilchen zerfällt oder sich in andere Teilchen aufteilt, dann geschieht das manchmal mit einer anderen Geschwindigkeit als bei seinem Materie-Pendant. Ein anderer Symmetriebruch ist vermutlich für die Masse der Elementarteilchen verantwortlich.

Fakten zum Angeben

- Der scharfzüngige Physiker Fritz Zwicky sagte einmal, ein kugelförmiger Schweinehund bleibe ein Schweinehund, egal aus welcher Perspektive man ihn betrachte.
- Als wir über links- und rechtshändige Neutrinos sprachen, ging es um die sogenannte CPT-Symmetrie (englisch für charge, parity, time = Ladung, Parität, Zeit). Stellen Sie sich einfach vor, Sie verwandelten Ihr Experiment in Antimaterie und schauten es sich, auf den Kopf gestellt, in einem Spiegel an.
- Symmetrie ist eng verknüpft mit der vermuteten Vereinheitlichung der drei Kräfte des Standardmodells bei den hohen Energien, die während des Urknalls vorhanden waren. Als sich das Universum abkühlte, trat ein Symmetriebruch ein, und die Kräfte spalteten sich in ihre jetzige Form auf.

VEREINHEITLICHUNG

Basics

Eines der ambitioniertesten Ziele der Teilchenphysik läuft darauf hinaus zu verstehen, warum die Kräfte so unterschiedliche Stärken haben. Grob gesagt, ist die Gravitation einige Millionen Mal schwächer als der Elektromagnetismus, der selbst wiederum schwächer ist als die schwache Kraft und noch schwächer als die starke Kraft. Der enorme Schwankungsbereich, bekannt als das Hierarchieproblem, beunruhigt die Forscher, weil es einfach zu chaotisch erscheint.

Zur Lösung gehört die Vorstellung, dass die Kräfte bei hohen Energien (oder auf kurze Distanz) ununterscheidbar werden und zu einer einzigen Kraft vereinheitlicht werden sollten, so wie es beim Elektromagnetismus der Fall ist, wo die Elektrizität mit dem Magnetismus verschmilzt, oder bei der elektroschwachen Theorie, die zu der Mischung noch die schwache Kraft hinzufügt.

Laut Standardmodell verändert sich die Stärke der Kräfte bei kurzen Entfernungen. Der Elektromagnetismus wird stärker, während die starke und die schwache Kraft allmählich schwinden. Bei Abständen von 10^{-31} Metern sollten sich ihre Stärken einander angenähert haben.

Dehalb sind Teilchen auch von einem Schleier virtueller Teilchen umgeben, die ihre wahren Eigenschaften schützen. Ein Effekt von Teilchenbeschleunigern ist es, durch Vakuumfluktuationen zu dringen. Wenn Teilchen bei höheren Energien zersplittern, ist ein größerer Anteil des nackten Teilchens freigelegt. So nimmt das Elektron bei höheren Energien beispielsweise eine negative Ladung an, was die elektromagnetische Kraft praktisch verstärkt.

Grenzen des Wissens

Wissenschaftler haben eine sogenannte Große Vereinheitlichte Theorie gesucht, mit der sich die starke und die elektroschwache Kraft vereinigen ließe, aber derzeit gibt es eine solche Theorie nicht. Sie haben sie noch nicht formulieren können.

Und selbst wenn man sie finden sollte, wäre die Gravitation noch nicht integriert. Die Forscher glauben, sie wird bei kurzen Abständen immer stärker. Bei 10^{-35} Metern, auf einem 10000-mal kleineren Terrain als dem Bereich der großen Vereinheitlichung, wird sie den anderen Kräften wahrscheinlich ebenbürtig. Diesen Abstand nennt man Planck-Länge.

Fakten zum Angeben

- *Große Vereinheitlichte Theorien setzen voraus, dass das Protein geringfügig instabil sein muss. Aber sollte dem so sein, braucht es mehr als 10^{-32} Jahre, um sich aufzuspalten, oder Experimente hätten es inzwischen bewiesen.*
- *Große Vereinheitlichte Theorien sagen die Existenz von Monopolen voraus, separaten magnetischen Polen, vergleichbar mit elektrischen Ladungen.*
- *Die Supersymmetrie würde die Kräfte in eine bessere Anordnung bringen. Aber die Forscher wissen, dass es zu den Voraussetzungen einer Supersymmetrie gehört, dass sie gebrochen sein muss. Anderenfalls hätten wir inzwischen Anhaltspunkte dafür gefunden.*

DAS HIGGS-BOSON

Basics

Das Higgs-Boson ist der letzte noch fehlende Bestandteil des Standardmodells. Es ist wahrscheinlich für die Masse anderer Elementarteilchen verantwortlich. Wie andere Teilchen ist auch das Higgs-Boson die Manifestation eines zugrundeliegenden Feldes, das natürlich Higgs-Feld genannt wird. Aber wenn die Energie anderer Felder erschöpft ist, fällt deren Aktivität auf ein Minimum zurück. Beim Higgs-Feld ist das anders. Noch bei niedrigstem Energiestand ist es präsent und aktiv. Dabei verhält es sich wie Sirup.

Wenn andere Elementarteilchen versuchen, sich im Higgs-Feld zu bewegen, setzen sie Schwingungen in Gang, die sie langsamer werden lassen. Die Situation ist vergleichbar mit einer prominenten Persönlichkeit, die von einer Menschenmenge bedrängt wird. Einige Teilchen sind A-Promis und ziehen eine größere Menge (sprich mehr Masse) an; andere wiederum hängen zusammen mit Dschungelcampkandidaten auf der C-Promi-Liste ab.

Das Higgs-Boson oder ein ähnliches Teilchen wird benötigt, um zu erklären, warum Elektromagnetismus und schwache Kraft so unterschiedlich zu sein scheinen. In den 1970er Jahren entdeckten die Wissenschaftler, dass die beiden Kräfte Bestandteile einer einzigen elektroschwachen Kraft sind. Dieser Theorie zufolge sollten W- und Z-Boson keine Masse haben. Das ist aber nicht der Fall. Die Symmetrie zwischen den elektrischen und den schwachen Bestandteilen der Kraft ist gebrochen. Und es ist die Lieblingsvorstellung der Forscher, dass das Higgs-Feld für den Symmetriebruch verantwortlich ist.

Grenzen des Wissens

Das Higgs-Boson ist augenblicklich das attraktivste Objekt in der Teilchenphysik, weil es wie die schnuckelige Nachbarin ist – erreichbar! Es könnte im Lauf der nächsten Jahre in Experimenten auftauchen. In der Vergangenheit haben Untersuchungen und Studien des Top-Quarks gezeigt, dass das Higgs-Boson – sollte es denn existieren – eine Masse irgendwo zwischen 115 und 180 Giga-Elektronenvolt haben muss. Der Große Hadronen-Speicherring von 27 Kilometern Umfang in der Nähe von Genf ist konstruiert worden, um Energien bis zu 14 000 Giga-Elektronenvolt zu erzeugen, genug, um jede Menge Higgs-Bosonen aufzustöbern und ihr Verhalten zu untersuchen.

Fakten zum Angeben

- *Nach der elektroschwachen Theorie waren Elektromagnetismus und schwache Kraft während der ersten Nanosekunde nach dem Urknall vereinigt. Sie hatten annähernd dieselbe Intensität und verhielten sich Elektronen und Neutrinos gegenüber gleich.*
- *Technisch gesehen, ist das Higgs-Feld lediglich eine besondere Art von Feld und unterscheidet sich von Materie- und Kraftfeldern im Standardmodell. Sollte eine Idee namens Supersymmetrie korrekt sein, müsste es zusätzliche Higgs-Felder mit ihren eigenen Higgs-Bosonen geben.*

QUANTENGRAVITATION

Basics

Die allgemeine Relativität deckt Größe und Gestalt des Universums ab. Sie beschreibt eine sanft gekrümmte Raumzeit. Die Quantentheorie erklärt das Verhalten von Materie und Energie im kleinsten Maßstab und bei höchsten Energien. Kein Quantenobjekt ist völlig glatt; aus der Nähe betrachtet, verschwimmt alles.

Die Forscher würden gern diese beiden Gesichtspunkte in einer Quantentheorie der Gravitation vereinen und dabei die Erkenntnisse der Quantenmechanik auf die Struktur des Universums anwenden. Sie sind sich ziemlich sicher, dass laut Quantenmechanik die Raumzeit wie eine Fahne im Wind ständig willkürlich fluktuiert. Sobald aber die Forscher ihre üblichen mathematischen Tricks anwenden, stellen sie Folgendes fest: Je näher man an die Raumzeit herangeht, umso heftiger ist sie aufgewühlt, bis sie sich schließlich selbst zerfetzt.

Die Quantentheorie setzt voraus, dass sich die Raumzeit wie Schaum in Fetzen auflöst. Es sollte einen kleinstmöglichen Abstand zwischen zwei beliebigen Objekten geben. Sie beträgt 10^{-35} Meter und nennt sich, zu Ehren Max Plancks, der die Quantenmechanik angeschoben hat, Planck-Länge. Das sind $1/10^{20}$ des Durchmessers eines Protons. Wenn man Teilchen eng zusammenquetscht und dabei diesen Abstand überschreitet, braucht man eine Quantentheorie der Gravitation, um zu verstehen, was mit ihnen geschieht. Aber so eine Theorie gibt es noch nicht.

Grenzen des Wissens

Forscher glauben, eine erfolgreiche Quantentheorie der Gravitation würde erklären, was bei der Singularität in Schwarzen Löchern und beim Urknall geschieht, wo nach der allgemeinen Relativität Materie und Energie unendlich verdichtet sind. Die Quantengravitation sollte dieser Dichte eine Begrenzung auferlegen. Wenn die Raumzeit aus Teilen besteht, die nur so klein sein können, dann lässt sich das Universum nicht in einen kleineren Raum als diesen zwängen. Die aussichtsreichste Kandidatin für die Quantengravitation ist die Stringtheorie, die nichts Kleineres als Strings zulässt. Aber es gibt noch eine weitere Kandidatin namens Schleifenquantengravitation, bei der es «Atome» der Raumzeit gibt, die kleiner sind als Strings.

Fakten zum Angeben

- *Womöglich tauchen Raum und Zeit nicht unversehrt aus einer Quantentheorie der Gravitation wieder auf. Die Forscher befürchten, dass nach der erfolgreichen Formulierung einer solchen Theorie Raum und Zeit als solche auf der Planck-Länge nicht mehr existieren werden.*
- *Stringtheorie und Schleifenquantengravitation weisen darauf hin, dass es einen Big Bounce, einen Großen Rückprall, gegeben habe, bei dem ein früheres Universum kollabierte und sich wieder ausdehnte, um unser Universum zu bilden.*

STRINGTHEORIE

Basics

Die Stringtheorie führt im Prinzip zur Vereinigung der gesamten Teilchenphysik, indem sie zeigt, dass alle Kräfte aus dem gleichen zugrundeliegenden Stoff gemacht sind. Der Stringtheorie zufolge sind alle Teilchen unterschiedliche Manifestationen eines einzigen Objekts, das String genannt wird. Unterschiedliche Schwingungen desselben Strings entsprechen verschiedenen Teilchen. Man könnte ihn mit einer Gitarrensaite vergleichen: Eine Note entspricht dem Elektron, eine andere bringt das Top-Quark hervor, wieder eine andere ist ein Photon und so weiter.

Das Potenzial für die Vereinheitlichung ist deshalb gegeben, weil eine dieser Schwingungen die Eigenschaften des Gravitons hat, des hypothetischen Teilchens, das die Gravitation überträgt. Um jedoch die unterschiedlichen Schwingungen unterzubringen, brauchen die Strings zusätzlichen Raum, um sich winden zu können. Und der kommt in Gestalt von sechs (oder vielleicht auch sieben) zusätzlichen Raumdimensionen ins Spiel. In der Alltagswelt können sich sowohl Menschen als auch Teilchen nur hinauf und hinunter, von einer Seite zur anderen oder vor und zurück bewegen. Die Stringtheorie sagt nun dies voraus: Falls Sie selbst um ein unglaubliches Ausmaß schrumpfen könnten – auf eine Größe, die den Durchmesser eines Protons, ja sogar die Größe der Quarks in einem Proton bei weitem unterschreitet –, würden Sie schließlich den Punkt erreichen, wo Sie sich in neue Richtungen bewegen könnten. Es ist, als würden sich die Teilchen wie Ameisen auf einer Wäscheleine fortbewegen. Aus unserer Perspektive scheint sich das Teilchen geradlinig fortzubewegen. Aber bei näherer Betrachtung läuft es spiralenförmig um die Wäscheleine herum.

Grenzen des Wissens

Die zusammengerollten zusätzlichen Dimensionen der Stringtheorie sind an jedem Punkt der Raumzeit miteinander zu einer Gestalt verflochten, die man Calabi-Yau-Mannigfaltigkeit nennt. Und das ist auch der Haken bei der Sache. (Es gibt immer einen Haken, nicht wahr?) Die Massen und die anderen Eigenschaften der Strings sind auf die Form der Calabi-Yau-Mannigfaltigkeit angewiesen. Aber die Stringtheorie funktioniert auch genauso gut für eine astronomisch hohe Zahl unterschiedlicher Calabi-Yau-Mannigfaltigkeiten. Wissenschaftler könnten im Prinzip die Zahl verringern, zuerst aber müssen sie einen Weg finden, um Auswirkungen zu beobachten, die offensichtlich auf Strings zurückzuführen sind. Bis jetzt ist ihnen das nicht gelungen.

Fakten zum Angeben

- *Die Stringtheorie ist eigentlich eine irreführende Bezeichnung, weil der Begriff «Theorie» normalerweise für etwas reserviert ist, das auf vielfältige Weise immer wieder neu überprüft wurde, wie zum Beispiel die Atomtheorie der Materie oder die allgemeine Relativitätstheorie.*
- *Die Kritiker der Stringtheorie halten sie für schlechte Wissenschaft, weil sie nicht überprüfbar ist, während ihre Befürworter sagen, sie seien noch mit der Ausarbeitung der Details beschäftigt. Und bisher hat noch niemand eine bessere Idee formuliert.*
- *Um Strings direkt nachzuweisen, benötigten wir einen Teilchenbeschleuniger von der Größe des Sonnensystems, was wohl kein Parlament der Welt finanzieren würde.*

KAPITEL ELF

DIE ÄUSSEREN GRENZEN

AUSSERIRDISCHES LEBEN

Basics

Wir wissen, dass es Leben auf der Erde gibt. Auch Wissenschaftler wollen, genauso eifrig wie alle am Thema Interessierten, herausfinden, ob es noch irgendwo sonst im Universum existiert. Bis vor kurzem konnten wir, abgesehen vom Entwurf außerirdischer Invasionsszenarios, lediglich im Sonnensystem nach Wasser herumstochern oder den Radiosignalen aus dem All lauschen mit dem Ziel, Botschaften außerirdischer Zivilisationen aufzufangen. Aber die Entdeckung von Planeten anderer Sterne hat der Suche nach Außerirdischen neuen Schwung verliehen.

Die Chance, dort draußen Leben zu entdecken, hängt davon ab, wie weit verbreitet extrasolare Planeten sind, wie häufig und wie lange sie schon Leben fördern und welche Art von Zeichen jene Lebewesen vielleicht hervorbringen. Hält man nach Leben im Sonnensystem Ausschau, lautet das Mantra der NASA: «Folge dem Wasser». Soweit wir wissen, ist flüssiges Wasser der einzige Stoff, der die komplexen chemischen Reaktionen unterstützt, die vermutlich das Leben auf der Erde hervorriefen.

Das Gleiche gilt für Leben außerhalb des Sonnensystems. Die Wissenschaftler vermuten, am besten sei es, erdähnliche Planeten zu suchen, die ihre Sterne in der richtigen Entfernung umrunden, sodass es flüssiges Wasser auf der Planetenoberfläche geben kann. Eine zu große Nähe zur Sonne ließe das Wasser verdunsten, bei zu großer Entfernung droht ewiges Eis. Die Reichweite und Ausdehnung dieser bewohnbaren Zone hängt von der Größe und von der Temperatur des Sterns ab.

Grenzen des Wissens

Die Suche nach erdähnlichen Planeten geht weiter. Mit den heutigen Teleskopen sind Planeten von Erdgröße zu klein, um sie aufgrund ihrer Auswirkungen auf den Stern ausfindig zu machen. Künftige Teleskope wie etwa das James-Webb-Weltraumteleskop, das 2013 ins All geschickt werden soll, haben das Potenzial, diese Planeten nachzuweisen und sie direkt zu beobachten. Der nächste Schritt wird die Analyse ihrer Atmosphäre sein, die Suche nach bestimmten Veränderungen, die mikroskopische Organismen verursachen können. Forscher glauben, Sauerstoff sowie Methan – hier auf der Erde von Mikroben, Kühen und anderen Organismen abgegeben – sollten die ersten Punkte auf der Checkliste sein.

Fakten zum Angeben

- *Wissenschaftler könnten fotosynthetisches Leben auf anderen Planeten, also außerirdische Pflanzen, entdecken, indem sie nach der Absorbierung oder Reflexion charakteristischer Farben Ausschau halten. Pflanzen im Wirkungsbereich blauer Sterne könnten blaues Licht absorbieren, sodass sie grün, gelb und rot erscheinen. Pflanzen auf der Bahn um mattere, rote Sterne könnten versuchen, alles Licht zu absorbieren, sodass sie schwarz wären.*
- *2007 wiesen die Forscher Wasserdampf in der Atmosphäre eines Gasriesen nach, als sie das Sternenlicht beobachteten, das durch ihn hindurchschien. Unglücklicherweise würde ein solcher Planet kein Reservoir flüssigen Wassers unterstützen.*

FORTGESCHRITTENE ZIVILISATIONEN

Basics

Das Leben auf der Erde ist das einzige Beispiel, das wir haben. Die Biologen können nicht sagen, ob die Art des evolutionären Drucks, der gehende, sprechende, Werkzeuge herstellende, Straßen bauende Primaten (also uns selbst) hervorrief, auch auf anderen Planeten möglich wäre.

Aber für manchen Wissenschaftler ist es selbstverständlich, dass intelligentes Leben inzwischen vielfach in unserer Galaxie entstanden sein könnte. Und falls dem so ist, sollten diese Lebensformen genügend Zeit gehabt haben, den interstellaren Raum zu durchqueren. Eines erkennen dieselben Experten allerdings ziemlich schnell: Sobald eine solche Lebensform auch nur einmal entstanden wäre, sollten sich die kleinen grünen Männchen eigentlich überall hin verbreitet haben.

Die Forscher vermuten, die Kolonialisierung der Galaxie würde unter der Voraussetzung, dass die Außerirdischen sich mit dem «langsamen» Tempo von 10 bis 20 Prozent der Lichtgeschwindigkeit fortbewegten, 5 bis 50 Millionen Jahre in Anspruch nehmen. Sie müssten lediglich eine Kolonie auf dem nächsten bewohnbaren Planeten gründen. Und sobald die Kolonie ebenfalls Raketen bauen kann, wiederholt sich der Prozess.

Und dennoch haben wir E.T. Nummer eins immer noch nicht ausfindig gemacht. Dieser offensichtliche Widerspruch ist als Fermi-Paradox bekannt, benannt nach dem Kernphysiker Enrico Fermi.

Grenzen des Wissens

Das Fermi-Paradox führt unmittelbar zu paranoiden Gedanken. Haben sich die Aliens selbst zerstört? Sind sie schüchtern? Oder könnte es sein, dass sie bereits hier sind und sich unentdeckt mitten unter uns befinden? Aber da wir Eierköpfe und keine Filmproduzenten sind, nehmen wir einen vernünftigeren Standpunkt ein. Entweder suchen wir nicht an den richtigen Orten, was durchaus möglich wäre, oder wir sind – was wahrscheinlicher ist – voreingenommen und intelligentes Leben ist einfach viel weniger verbreitet, als wir annehmen. Oder aber es ist wesentlich flüchtiger (siehe nächstes Kapitel).

Fakten zum Angeben

- *Der Physiker und Mathematiker Freeman Dyson schlug einmal vor, dass Außerirdische mit überragender Intelligenz die ganze Lichtenergie eines Sterns einfangen könnten, indem sie ihn in einer gewaltigen Kugel einschlössen. Das Fermi National Accelerator Laboratory in Illinois betreibt tatsächlich ein kleines Projekt, das diese sogenannten Dyson-Sphären erforschen soll. Bis jetzt* nada.
- *Das SETI-Institut (Suche nach Außerirdischer Intelligenz) in Kalifornien lauscht Radiosignalen von fernen Sternen, aber manche Wissenschaftler argwöhnen, die Aliens könnten über Neutrinos kommunizieren, die eine wesentlich größere Reichweite hätten, weil sie durch Materie hindurchgehen.*
- *Falls Außerirdische jemals direkten Kontakt herstellen sollten, geschähe dies nach Ansicht des SETI-Astronomen Seth Shostak vermutlich mit Hilfe von Robotern – vielleicht über «Von-Neumann-Maschinen». Das sind sich selbst kopierende Sonden, die ausgesandt wurden, um die Sterne zu besiedeln.*

★★★★★★★★★★★★★★

GEFAHR FÜR DAS LEBEN

★★★★★★★★★★★★★★

Basics

Das Weltall ist kein freundlicher Ort. Vorausgesetzt, wir schaffen es, uns nicht selbst in die Luft zu jagen, keinem Mördergrippevirus zum Opfer zu fallen und auch das Klima nicht schneller zu verändern, als wir durchhalten können, sind wir im grünen Bereich, oder? Nicht unbedingt. Es gibt Dinge im Weltraum, die unser Schicksal besiegeln könnten.

Wir haben gesehen, dass kollabierende Sterne enorme Explosionen hervorrufen können, sogenannte Supernovae und Gammastrahlenausbrüche. Sollte eines dieser Ereignisse jemals irgendwo in unserer galaktischen Nähe geschehen, würden wir von hochenergetischer Strahlung gegrillt werden. Die irdische Ozonschicht, die uns normalerweise vor tödlichen Sonnenstrahlen schützt, würde einfach weggebrutzelt werden. Ohne sie durchdringen die Röntgenstrahlen und die ultravioletten Strahlen einer Supernova die Atmosphäre.

Sollten wir einem Gammastrahlenausbruch im Weg stehen, so schätzt der Astronom Phil Plait die Situation ein, wäre das mit der Detonation einer Atombombe von einer Megatonne Sprengkraft pro Quadratkilometer des Planeten vergleichbar. Diejenigen von uns, die nicht sofort zu Asche zerfielen, würden rasch der Strahlung erliegen, die unsere Hatut verbrennen und unsere inneren Organe erledigen würde, wie es den japanischen Opfern der Atombombenexplosionen im Zweiten Weltkrieg passiert ist.

Wie genau sich diese Explosionen ereignen müssten, ist nicht ganz klar, vielleicht in einer Entfernung von 25 Lichtjahren für eine Supernova oder innerhalb von 3000 Lichtjahren für einen Gammastrahlenausbruch, aber wenn sich die Wissenschaftler unsere Nachbarsterne ansehen, halten sie weder das eine noch das andere Ereignis für wahrscheinlich.

Grenzen des Wissens

Viel wahrscheinlicher könnte der Einschlag eines Asteroiden sein, und zwar einer von der Art, wie er in den Filmen *Armageddon* und *Deep Impact* dargestellt wurde. Plait hat hilfreicherweise die Chancen einer ganzen Heerschar von Ereignissen aufgelistet, die das Ende der Welt bedeuten könnten. Nach seiner Schätzung stehen die Chancen einer Supernova oder eines Gammastrahlenausbruchs 1 zu 10 Millionen beziehungsweise 1 zu 14 Millionen pro Jahrhundert. Ein Asteroideneinschlag hat bessere Chancen: 1 zu 700 000.

Im Gegensatz zu *Armageddon* würde ein Atombombenangriff auf einen Asteroiden vermutlich zu keinem glücklichen Ende führen, da der gigantische Stein nur in einen Hagel kleinerer, aber immer noch tödlicher Geschosse zersprengt werden würde. Stattdessen sollten wir den Asteroiden lieber mit einer Rakete «wegschubsen».

Fakten zum Angeben

- *Abgesehen von unvorhergesehenen Katastrophen, hängt das Schicksal der Erde von der Sonne ab. Das pflanzliche Leben wird in etwa 900 Millionen Jahren aussterben, wenn steigende Temperaturen den Kohlendioxidzyklus kurzschließen werden. Und wenn es keine Pflanzen mehr gibt, die Sauerstoff produzieren, wird auch das Tierreich zugrunde gehen.*

- Wissenschaftler haben vorgeschlagen, wir sollten der Strahlung der Sonne, wenn sie zum Roten Riesen geworden ist, ausweichen. Wir müssten zur Anpassung der Erdumlaufbahn lediglich Asteroiden einsetzen.

IN EINEM SCHWARZEN LOCH

Basics

Schwarze Löcher genießen den Ruf, zu den feindseligsten Orten im Universum zu gehören, und in vielerlei Hinsicht trifft das auch zu. Nehmen wir an, Sie fielen wie ein Fallschirmspringer in ein Schwarzes Loch von der Masse unserer Sonne. Sie sind noch gut vom Ereignishorizont entfernt, dem Abstand, bei dem nichts mehr dem Schwarzen Loch entkommen kann. Bei einem Schwarzen Loch von der Masse unserer Sonne sind das rund drei Kilometer Entfernung vom Mittelpunkt.

Aber die hohe Dichte der Materie im Schwarzen Loch erzeugt eine starke Gravitationsanziehung in einem Bereich vieler hunderttausend Kilometer, wobei die Intensität mit jedem Zentimeter zunimmt. Sobald Sie also etwa 650 000 Kilometer vom Schwarzen Loch entfernt sind, wäre die Gravitation, die auf Ihren Kopf wirkt, wesentlich stärker als an Ihren Füßen, sodass Sie wie Toffee zu einem dünnen Faden in die Länge gezogen werden würden. Man nennt das «Spaghettifizierung».

Falls Sie das überleben sollten, sagen wir, weil Sie vielleicht so richtig schön dehnbar sind wie Reed Richards von den Fantastic Four, dann sehen Sie, wie die Sterne um das Schwarze Loch blau werden, während Sie beschleunigt auf sie zueilen. Die Sterne hinter Ihnen erscheinen rot. Wenn Sie den Ereignishorizont überqueren, nehmen Sie keine Veränderung wahr, bis eine Gravitationsflutwelle Sie erfasst und Sie gemeinsam mit dem Rest der im Schwarzen Loch steckengebliebenen Materie um die Singularität herumgewirbelt werden.

Grenzen des Wissens

Sie würden das Schwarze Loch nicht wahrnehmen, wenn Sie den Ereignishorizont überqueren, aber die Wissenschaftler glauben, dass es ein schwaches Glühen abgibt. Erinnern Sie sich, dass das Weltall voller virtueller Teilchen-Antiteilchen-Paare ist. In den 1970er Jahren erkannte der an den Rollstuhl gefesselte theoretische Physiker Stephen Hawking, dass bei den virtuellen Pärchen direkt auf dem Horizont der eine Partner ins Loch hineingezogen werden könnte, während der andere entkäme.

Diese Teilchen, die Hawking-Strahlung getauft wurden, sollten dafür sorgen, dass das Schwarze Loch Tröpfchen für Tröpfchen langsam verdampft, indem es der herausgehenden Strahlung Energie verlieh. Die Betonung liegt hier auf «langsam». Ein Schwarzes Loch von der Größe der Sonne würde 10^{66} Jahre brauchen, um zu verdampfen. Das ist das Vielfache des augenblicklichen Alters des Universums.

Fakten zum Angeben

- *Wenn Sie in einem Raumschiff am Ereignishorizont vorbeizischen könnten und weit genug entfernt blieben, um wieder herauszufliegen, würden Sie feststellen, dass Tausende von Jahren vergangen wären, wenn Sie zum Mutterschiff zurückkehrten, das in sicherem Abstand zum Schwarzen Loch auf Sie gewartet hat. Die starke Gravitation hätte die Zeit in Ihrem Schiff verlangsamt.*
- *2008 stellte ein Forscherteam einen künstlichen Ereignishorizont her, indem es ein Paar speziell geformter Laserpulse entlang einer optischen Faser abfeuerte – einen nach dem anderen. Der zweite, schneller fliegende Puls blieb wie das gefangene Licht jenseits eines Ereignishorizonts hinter dem ersten stecken.*

DER FREIE WILLE UND DAS UNIVERSUM

Basics

Wir haben das Gefühl, als seien die Dinge, die wir tun, völlig spontan. Warum lesen Sie dieses Buch? Nun, weil Sie offenbar mehr über das Weltall wissen wollen. Und Sie sind wahrscheinlich hier, auf dieser Seite, weil Sie die Überschrift interessant fanden. Vielleicht glauben Sie ja, Sie hätten auch etwas ganz anderes tun können, wenn Sie es nur gewollt hätten. Dieses Gefühl wird freier Wille genannt, und er ist enorm wichtig für uns. Die meisten von uns wären deprimiert, falls sie wirklich glaubten, sie könnten ihre Handlungen nicht kontrollieren.

Aber obwohl es viele Dinge gibt, die geschehen *könnten, wird* Naturgesetzen zufolge nur das Eine geschehen. Wir bestehen aus Atomen, und Atome gehorchen strengen Regeln, die genau festlegen, was mit ihnen von einem Moment zum anderen geschieht. Wir sagen deshalb, das Universum sei deterministisch. Deshalb haben wir das Gefühl, als würden unsere Handlungen in Eile festgelegt. Andererseits jedoch ist alles, was im Universum geschieht, durch vorausgegangene Ereignisse festgelegt. Wie lassen sich diese beiden Perspektiven miteinander versöhnen?

Das ist zum Teil eine Frage der Arbeitsweise des Geistes, was über das Thema unseres Buches hinausgeht. (Probieren Sie es mal mit dem Band *Instant Egghead Guide: The Mind.*) Aber vom Standpunkt der Naturgesetze aus betrachtet, lässt sich Folgendes beobachten: Selbst sehr einfache Systeme können ein derart kompliziertes Verhalten zeigen, dass sie im Grunde unvorhersagbar sind.

Grenzen des Wissens

Moment mal, könnten Sie jetzt sagen. Haben wir nicht bereits erfahren, dass Ereignisse in der Quantenwelt nicht deterministisch sind, was heißt, sie geschehen zufällig? Das ist wohl wahr (obwohl Sie daran denken sollten, dass Wellenfunktionen im Quantenbereich deterministisch sind).

Der Mathematiker Sir Roger Penrose hat vorgeschlagen, dass Quanteneffekte im Gehirn viel größer sein könnten als bisher angenommen. Die meisten Wissenschaftler sind ziemlich skeptisch. Denken Sie an Schrödingers Katze. Sobald man damit beginnt, Teilchen zu vermischen, ist die Quantenzufälligkeit sehr schnell verschwunden.

Fakten zum Angeben

- *Verlassen Sie sich auf keinen Wissenschaftler, wenn Sie Ihre Küchenspüle repariert haben wollen. Die Gleichungen, die Turbulenzen beschreiben, die plötzlichen Bewegungsveränderungen bei Reisen im Flugzeug sowie der plötzliche Druckanstieg beim Aufdrehen des Wasserhahns sind so kompliziert, dass das Clay Mathematics Institute eine Million $ für denjenigen geboten hat, der etwas besser als bisher erklären kann, wie alles funktioniert.*
- *Wenn Sie hören, wie jemand über den Schmetterlingseffekt spricht, dann geht es um die Vorstellung, dass eine geringfügige Veränderung in den Anfangsbedingungen, zum Beispiel bei den Lufttemperaturen und den Luftdruckwerten auf dem Globus, eine große Auswirkung auf ein Ergebnis – hier: auf das Wetter – haben kann.*

ZEITREISEN UND WURMLÖCHER

Basics

Da wir gerade von Wahlfreiheit sprechen, gibt es bestimmt ein paar Entscheidungen in Ihrem Leben, die Sie gern wieder rückgängig machen würden wie zum Beispiel vor ein paar Jahren die Investition einer Menge Geld in den Aktienmarkt. Nahezu jeder möchte wissen, ob Zeitreisen möglich sind. *Wissenschaft in 60 Sekunden* antwortet Ihnen hier mit einem eindeutigen, unmissverständlichen «Wir wissen es nicht».

Die allgemeine Relativität verbietet Reisen zurück in der Zeit nicht von vornherein. Die Forscher zu Einsteins Zeiten konnten mathematisch Raumzeiten konstruieren, in denen die Zeit sich in sich selbst zurückkrümmte. Dabei brachten sie allerdings immer etwas ins Spiel, das es in unserem Universum nicht geben konnte, wie etwa einen unendlich langen, rotierenden Zylinder.

Das vielleicht plausibelste Zeitreiseszenario bringt ein Wurmloch mit sich, eine hypothetische Brücke, die zwei Punkte in der Raumzeit miteinander verbindet, ganz gleich wie weit voneinander entfernt oder wie isoliert in der Zeit sie auch sein mögen. Ein Wurmloch ist wie eine Webcam-Verbindung, nur dass man dabei direkt bis zur anderen Seite vordringen kann. Angenommen, Sie würden eine solche Vorrichtung finden oder herstellen können, würden Sie die eine Öffnung des Wurmlochs an Ihrem Raumschiff anbringen und dann eine Weile so schnell fliegen, dass auf der Erde viel Zeit vergeht, und anschließend zurückkehren.

Sie und Ihre Öffnung des Wurmlochs wären dann in der fernen Zukunft, während die andere Öffnung noch in der Vergangenheit stünde.

Grenzen des Wissens

Es gibt bestimmt eine Million Warnungen vor Wurmlochreisen. Eine davon sei hier ausgesprochen: Die Raum-Zeit-Cam würde ohne eine Vorrichtung, die sie geöffnet hält, sofort zerbrechen. Insbesondere benötigten Sie eine Quelle sogenannter negativer Energie. Der schon beschriebene Casimir-Effekt, eine Anziehungskraft, kommt von allen bisherigen Bemühungen in dieser Richtung der negativen Energie am nächsten. Allerdings gibt es eine Schätzung für die Energiemenge, die Sie brauchten, um ein Wurmloch von einem Meter Breite zu stabilisieren. Es ist fast so viel, wie die Sonne im Lauf von zehn Milliarden Jahren produziert.

Fakten zum Angeben

- *Wenn Sie das nächste Mal eine Physik-Zeitschrift durchblättern und auf den Begriff «geschlossene zeitartige Kurve» stoßen, dann ist damit eine Reise zurück in der Zeit im Jargon der allgemeinen Relativitätstheorie gemeint, während ein Wurmloch als eine «mehrfach verbundene» Raumzeit bezeichnet wird.*
- *Die Vorstellung von Zeitreisen führt zu jeder Menge witziger Paradoxa. So stellt sich etwa die Frage, ob Sie in der Zeit zurückgehen und die Begegnung Ihrer Eltern verhindern könnten, sodass Sie nicht gezeugt werden.*
- *Ein anderes Paradoxon, das sich aus der Möglichkeit von Zeit-*

reisen ergibt: Warum begegnen wir nicht überall Schülern aus dem 25. Jahrhundert, die unsere Ära studieren, um bessere Noten im Geschichtsunterricht zu bekommen? Vielleicht deshalb, weil ein Wurmloch einen nur bis zu dem Punkt zurück in der Zeit bringen kann, als die Wurmlochzeitmaschine erfunden wurde. Und das könnte noch gaaaanz schön lange dauern.

VIELE WELTEN

Basics

Falls Sie nicht in der Zeit zurückgehen können, um Ihren zeitlich unglücklich platzierten Beutezug am Aktienmarkt zu revidieren, wäre es dann nicht vorteilhaft zu wissen, dass es irgendwo in einem Paralleluniversum eine Version von Ihnen gäbe, die ein wenig weiser – oder ein wenig ärmer – war und überhaupt nicht investiert hat? Nun denn, hier ist die gute Nachricht. Manche Wissenschaftler glauben, dass dies tatsächlich der Fall sein könnte!

Erinnern Sie sich, dass in der Quantenmechanik eine Wellenfunktion schließlich willkürlich in einen eindeutigen Zustand «kollabiert», wobei sie viele mögliche Zustände zur Auswahl hat. Bei dem Versuch, die Auswirkungen dieses Phänomens auf die Wirklichkeit zu verstehen, beschloss ein junger Physiker namens Hugh Everett, in den sauren Apfel zu beißen. Wie wäre es, überlegte Everett, wenn bei jedem Zusammenbruch der Wellenfunktion sich das Universum in eine unendliche Zahl von Paralleluniversen aufspaltete, eines für jedes mögliche Ergebnis? In dem einen Universum investierten Sie in eine andere Aktie, die nicht so schlimm abstürzte, als der Markt ins Wanken geriet. In einem anderen Universum kamen Sie zu spät zur Arbeit, verloren Ihren Job und hatten gar kein Geld, um zu investieren.

Es gibt ein paar kluge Leute, die diese sogenannte «Viele-Welten-Interpretation» der Quantenmechanik – der Film *Sliding Doors* (*Sie liebt ihn, sie liebt ihn nicht*) war noch nicht gedreht worden – als ein seriöses Konzept betrachten. Unglücklicherweise gibt es offenbar, ganz im Gegensatz zu anderen Interpretationen der Quantenmechanik, keinerlei Möglichkeit, diese Theorie zu überprüfen. Andererseits ist es vielleicht auch besser, wenn wir es nicht wissen.

Grenzen des Wissens

Mit der Vorstellung der Vielen Welten macht das Nachdenken über Zeitreisen zumindest mehr Spaß. Sollte man also zurück in der Zeit reisen und nicht in der Lage sein, die Vergangenheit zu ändern, könnte man sie stattdessen in eine neue Zeitschiene aufspalten. Das ist im Wesentlichen das, was im zweiten Teil des Films *Zurück in die Zukunft* geschieht, wenn Michael J. Fox in die Zukunft reisen muss, um Probleme zu lösen, die er im ersten Film schuf, als er die Vergangenheit änderte. Haben Sie's kapiert?

Hey, also gibt es vielleicht doch eine Möglichkeit, die Viele-Welten-Interpretation zu überprüfen. Sie gehen also einfach in der Zeit zurück und versuchen, die Vergangenheit zu verändern. Da kann man Ihnen nur viel Glück wünschen, dass es Ihnen gelingt, die Leute dort von dem zu überzeugen, was Sie getan haben. Die werden Sie womöglich dafür einsperren. In einem anderen Universum würde man Sie wahrscheinlich zum König proklamieren!

Fakten zum Angeben

- *Hugh Everetts Kollegen beurteilten seine Arbeit derart abschätzig, dass er sich von der Physik abwandte und stattdessen zum Verteidigungsexperten wurde, der Millionen verdiente.*
- *Everetts Sohn Mark war in den 1990er Jahren der Frontmann*

der Rockband Eels. Die BBC drehte einen Dokumentarfilm über ihn, der 2007 einen Preis gewann. Darin sprach er mit Physikern und Kollegen seines Vaters über das Erbe der Viele-Welten-Theorie.

DAS SCHICKSAL DES UNIVERSUMS

Basics

Das Universum wird nicht immer so aussehen wie heute. Letztlich werden die Sterne ausbrennen, die Planeten werden sterben, und ferne Galaxien könnten für alle Zeiten unsichtbar werden. Früher glaubten die Forscher, das Schicksal des Universums hinge nur von der in ihm enthaltenen genauen Menge an Materie und Energie ab. Falls diese Größe eine kritische Dichte überschreite, kehrte sich die Expansion um, und das Universum kollabierte ins Gegenteil des Urknalls, den man «Big Crunch» nannte. Hätte das Universum weniger als die kritische Dichte, würde es ewig expandieren und in die Phase des Wärmetods («Big Chill») eintreten.

Inzwischen wissen wir, dass 70 Prozent der Energiedichte zu einer rascheren Expansion des Universums beitragen. Alles hängt davon ab, wie die Dunkle Energie sich ausbreitet. Vielleicht wird die Beschleunigung in Zukunft nachlassen und in einem Big Crunch enden, aber noch gibt es keinen Anlass dafür, so zu denken. Das naheliegendste Szenario ist die unbestimmte Fortdauer der Beschleunigung. Alles, was nicht durch die Gravitation zusammengehalten wird, wird schließlich mit zunehmender Expansion auseinandergerissen werden. Unsere Galaxie und ihre Nachbarn werden einsam und allein in einer ungeheuren Dunkelheit enden.

Nach ungefähr 100 Milliarden Jahren könnte uns jeder Beweis

für den Urknall abhandengekommen sein. Ohne sichtbare Galaxien in der Nähe können wir die Ausdehnung des Raums nicht mehr nachweisen. Selbst die Photonen des kosmischen Mikrowellenhintergrunds werden dann unsichtbar sein, ausgestreckt zu Wellenlängen, die größer sind als unsere Galaxie.

Grenzen des Wissens

Im Lauf der nächsten Billionen Jahre wird den Galaxien das Gas ausgehen, die Voraussetzung zur Entstehung neuer Sterne. Innerhalb von 100 Billionen Jahren wird selbst der kleinste, langlebigste Stern in unserer Nähe allmählich verblassen. Zum Schluss werden nur noch ausgebrannte Weiße Zwerge übrig sein, Neutronensterne und Schwarze Löcher, die auf spiralförmigem Kurs in supermassereiche Schwarze Löcher stürzen, die in galaktischen Kernen hausen. Durch Quantenprozesse könnten sogar die Schwarzen Löcher langsam verdunsten. In 10^{100} Jahren wird das Universum völlig dunkel sein, ein dünnes Gas aus Photonen und Elementarteilchen. Deprimierend, oder?

Fakten zum Angeben

- *Sollte die Dunkle Energie an Stärke zunehmen, könnte es bereits in 20 bis 30 Milliarden Jahren eine Wende zum Schlimmeren geben. In einem Szenario namens «Big Rip» («Endknall») würden zuerst Galaxien und andere Sonnensysteme verschwinden, ein paar Monate später – man höre und staune: Monate! – würden die Sterne und Planeten explodieren, gefolgt von den Atomen.*
- *Manche Forscher glauben, das Universum sei zyklisch und durchlaufe eine Reihe von Urknallereignissen, denen eine lange Zeitspanne Dunkler Energie folge.*

DER ZEITPFEIL

Basics

Noch schwieriger als die Vorhersage der Zukunft ist es herauszufinden, ob es überhaupt eine Zukunft gibt. Erinnern Sie sich: Als wir über Entropie gesprochen haben, sagten wir, die Naturgesetze verlangten nicht, dass die Zeit wie ein Fluss dahinströmen müsse. Stattdessen nehmen wir den Lauf der Zeit wahr, weil alles von einem geordneteren Zustand auf einen weniger geordneten Zustand hinauslaufe. Eier fallen vom Ladentisch und zerbrechen, aber sie können sich nicht wieder zusammenfügen wie der T-1000 im Film *Terminator 2* und wieder zurück auf den Tisch springen. Das wäre rückwärtslaufende Zeit.

Dasselbe trifft auf das Universum zu. Es hat sich nun einmal so ergeben, dass der Urknall das Universum mit einem Haufen konzentrierter Materie ins Leben rief, die die Gravitation anschließend zu Sternen, Galaxien und zum Rest der Struktur zusammenzog, die wir heute beobachten können. Für Wissenschaftler klingt das verrückt. Warum sollte die ganze Materie und Energie des Universums so und nicht anders im Augenblick des Urknalls arrangiert worden sein?

Eine mögliche Antwort kommt aus der Inflationsforschung, die besagt, dass das beobachtbare Universum einst in einer äußerst winzigen Region komprimiert war, die durch einen relativ kleinen Betrag an Vakuumenergie dazu angeregt wurde, sich aufzublähen. Wissenschaftler haben vorgeschlagen, die Inflation habe womöglich deshalb einsetzen können, weil die Energie im Universum vor der Inflation heftigen Quantenfluktuationen unterlag, die groß genug waren, um ein ganzes Universum zu schaffen.

Grenzen des Wissens

Unglücklicherweise zeigen die Vorstellungen über Quantengravitation an, dass sogar ein kleiner Klacks inflationärer Vakuumenergie in hohem Maß geordnet ist, noch viel mehr als der Urknall.

Dennoch könnte es Hoffnung für die Zeit geben. Vielleicht war unser hypothetisches, präinflationäres Universum völlig leer, abgesehen von einer dünnen Schicht Dunkler Energie, dem Stoff, der die Expansion des heutigen Universums immer schneller vorantreibt. Und falls die Dunkle Energie an einem Fleck zufällig etwas dichter wurde, dann machte es peng: Inflation!

Fakten zum Angeben

- *Das Universum vor dem Urknall, das uns hervorbrachte, könnte auch in andere Universen aufgespalten worden sein, in denen die Zeit rückwärtsläuft. Das würde nicht zwangsläufig bedeuten, dass die Menschen in diesem Universum in umgekehrter Richtung altern würden wie Brad Pitt in dem Film* Der seltsame Fall des Benjamin Button. *Es würde lediglich heißen, dass unsere Vergangenheit deren Zukunft ist.*
- *Haben Sie die Folge von* Futurama *gesehen, in der körperlose Gehirne eine Invasion auf der Erde starten? Wenn Wissenschaftler über Vakuumfluktuationen nachdenken, fragen sie sich, wie oft das Vakuum etwas derart Kompliziertes wie ein Gehirn erbricht, das sie ein Boltzmann-Gehirn nennen. Sollte es recht häufig geschehen, erschiene das selbst Wissenschaftlern als ziemlich abgedreht.*

DAS MULTIVERSUM

Basics
Wissenschaftlern fiel es schwer zu erklären, warum das Universum so ist, wie es ist. In mancher Hinsicht scheint es verdächtig clever angeordnet oder «feinabgestimmt» zu sein, um Sterne und Galaxien hervorzubringen. Falls Materie und Antimaterie zum Beispiel perfekt symmetrisch wären, hätte das Universum überhaupt keine Struktur. Viele Wissenschaftler würden gern eine einzige Gleichung oder ein Gleichungssystem finden, das simultan zeigt, warum all die lustigen Details des Universums so sein müssen, wie sie sind.

Andererseits könnte es sein, dass unser Universum eine Art Unfall ist. Es wird interessanter, wenn Sie sich vorstellen, unser beobachtbares Universum sei nur ein kleiner Bereich eines größeren «Multiversums», was dem ähnelt, worüber wir schon gesprochen haben. Jedes Universum könnte seine eigenen Gesetze haben. In unserem Weltall gestatten die Gesetze die Bildung von Sternen und Galaxien, was zu Bedingungen führt, die die Existenz von Planeten und das Leben fördern.

Die Forscher sind kürzlich durch die Dunkle Energie auf diese Denkweise gestoßen. Sie erinnern sich, dass die kosmologische Konstante recht klein, aber nicht ganz null ist, was schwer nachzuvollziehen ist. Momentan ist die beste Idee der Wissenschaftler die Vermutung, es gäbe viele Universen, die unterschiedliche Dunkle Energien haben, wobei wir in einem Weltall leben, in dem das Leben unterstützt wird. Diese Vorstellung nennt sich anthropisches Prinzip.

Grenzen des Wissens

Wissenschaftler haben vorgeschlagen, dass die astronomisch hohe Zahl von Formen, die die Stringtheorie annehmen kann, womöglich behilflich sein könnte, das Problem der Dunklen Materie zu lösen. Vielleicht sind all diese mathematisch möglichen Universen auch real und entwickeln sich irgendwie aus dem einen ins andere. Und dabei käme dann zwangsläufig ein Universum wie das unsere heraus. Diese Vorstellung wird die «anthropische Landschaft» der Stringtheorie genannt. Nicht jeder mag das anthropische Prinzip, weil es den Verzicht auf eine einzige Gleichung, die alle unsere Fragen nach dem Weltall beantworten könnte, mit sich bringt. Dennoch hoffen die Forscher, diese Vorstellung nutzen zu können, um überprüfbare Vorhersagen zu liefern.

Fakten zum Angeben

- *Wir können die Tatsache unseres eigenen Daseins nicht dazu benutzen, die Existenz multipler Universen zu beweisen. Und zwar aus demselben Grund, warum wir es nicht verwenden können, um uns zu verdeutlichen, wie weit verbreitet das Leben außerhalb der Erde ist. Logischerweise ist unsere Existenz gleichermaßen kompatibel mit einem einzigen Universum.*
- *Sterne sind womöglich ein verbreitetes Merkmal in anderen Universen. Forscher haben Simulationen erarbeitet, was geschehen würde, wenn die Naturkräfte ein wenig anders wären, und es sieht so aus, als sollten sich auch dann noch immer Sterne bilden. Es werde also Licht!*